不可思议的数字世界

[日]今野纪雄 著 冯博 译

中国纺织出版社有限公司

原文书名：数はふしぎ 読んだら人に話したくなる数の神秘
原作者名：今野 纪雄
Kazu wa fushigi
Yondara hito ni Hanashitakunaru Kazu no shinpi

著作权合同登记号：图字：01-2021-2360

图书在版编目（CIP）数据

不可思议的数字世界／（日）今野纪雄著；冯博译
.--北京：中国纺织出版社有限公司，2021.7
ISBN 978-7-5180-8507-1

Ⅰ.①不… Ⅱ.①今… ②冯… Ⅲ.①数学—普及读物 Ⅳ.①01-49

中国版本图书馆CIP数据核字（2021）第077035号

责任编辑：张 羽　　责任校对：高 涵　　责任印制：储志伟

中国纺织出版社有限公司出版发行
地址：北京市朝阳区百子湾东里A407号楼　邮政编码：100124
销售电话：010—67004422　传真：010—87155801
http://www.c-textilep.com
中国纺织出版社天猫旗舰店
官方微博 http://weibo.com/2119887771
天津千鹤文化传播有限公司　各地新华书店经销
2021年7月第1版第1次印刷
开本：880×1230　1/32　印张：6.25
字数：115千字　定价：42.00元

凡购本书，如有缺页、倒页、脱页，由本社图书营销中心调换

前　言

这本书是对各种各样的数，特别是对它们那不可思议的性质进行分析、讲解。在这里，就先简单地介绍一下**素数**的魅力吧。

相信很多人都知道，素数的定义是“**一个大于1的自然数，且约数为1和其本身的数**”。具体来说，就是像“2、3、5、7、11、13、17”这一类的数。而“4”的约数除了 1 和 4 之外还有 2，所以 4 不是素数。

虽然素数像这样被人们如此简单地定义了，但是其性质和构造却是既丰富又深奥，仿佛像一汪“取之不竭”的泉水。

首先，素数到底有多少个呢？就算不知道准确的个数，那到底是有穷个？还是说有无限多个呢？

其实呀，素数是有无限多个的！

但是，关于这个结论的证明在大约 2300 年前，也就是遥远的古希腊时代，就已经出现在了欧几里得所著的《原论》这本书上。这实在是令人吃惊，具体内容将在本书的第3章为大家说明。

其次，我们来看看**孪生素数**，相差 2 的 1 组 2 个的素数对被称为孪生素数，如（3，5）（5，7）（11，13）等。可是，关于孪生素数，虽然有“像素数一样拥有无限多个”的猜想，但是至今为止，谁都没能成功将其证明。

这个孪生素数猜想也是数学界有名的一个未解之谜。

与之相关联的，在 2013 年，美国新罕布什尔大学的张益唐证明出了“存在无穷多对素数，其差小于7000万”。这个新闻在一瞬间就轰动了全世界，在日本也被刊登到了体育新闻上，被广为宣传。犹记得，他在发现这个新定理的时候已经将近 60 岁高龄的事情也引起了很高的关注度。至今，“七千万”这个范围已经被很大幅度地缩小了，但遗憾的是，素数对间隙的这个范围还是没有缩小到“2”。也许终有一天，孪生素数猜想会被证明，就像人们猜想的那样——“孪生素数有无限多个”。

顺带提一下，肯定有人也知道，除了上述谜题外，另一个数学界的未解之谜之一——黎曼猜想。这个猜想是由德国的数学家黎曼在 1859 年所著论文的基础上提出的，实际上与素数是如何分布的这一点密切相关，其论文的标题就是“论小于某给定值的素数的个数”。是不是同刚才的孪生素数猜想一样，也与素数的分布有关呢？

那么，那些相差为 2 的 1 组 3 个的素数，也就是人们所说的三胞胎素数一共有多少组呢？其实呀，本书在之后也会讲解，可以很轻易地证明出只有（3，5，7）这一组。

像这样 3 个素数以（p，$p+2$，$p+4$）的形式虽然只有一组存在，但是如果稍微改变一下条件，来考虑一下 3 个素数以（p，$p+2$，$p+6$）的形式存在的三胞胎素数，情况就会大不相同了。这种情况下，又有很多如（5，7，11）（11，13，17）（17，19，23）等素数对的存在，于是就又有了**无限对存在的猜想**。

关于这一系列的猜想和证明在逐渐发展。

此后，4 个以（p，$p+2$，$p+4$，$p+6$）的形式存在的**四胞胎素数**不存在这件事就立刻被证明了。但是人们又想改变一下条件来研究，比如说 4 个以（p，$p+2$，$p+6$，$p+8$）的形式存在的四胞胎素数，则存在诸如（5，7，11，13）（11，13，17，19）这样 1 组以上的素数对，但是是否有无限对存在这一点，目前还没有被证明。

此外，2 个 1 组的素数对除了（p，$p+2$）的形式以外，现在人们经常研究的还有以（p，$p+4$）形式存在的**表兄弟素数对**和以（p，$p+6$）形式存在的**六素数对**。

像这样有着五花八门的素数对的存在，关于它们的猜想和研究也还有很多，一旦说起来就没有尽头了，我们暂且先说到这里。

在学校学习数学时，基本上被教授的都是已经得出结论的知识，所以很多人的印象里就会有"在这个宇宙中解不开的问题非常稀少，而且好像不是只有一些特殊的问题存在吗"这样的想法，更有甚者还有"数学难道不是万能的吗"这样的想法。这其实是不对的，虽然"有些问题很容易就能够理解，觉得好像看上一眼就能够解开"，但是"其实是怎么也解不开的非常难的问题”。从这个角度来看，**数字真是一座问题的“宝”山！**

就像我前面说的一样，仅仅是数字里面的素数，而且是极其小的一部分的话题，都可以被无限展开。虽然说我的主要研究方向是**概率论**，但是在研究过程中经常会有数字，特别是**自然数**的出现。

倒不如说是，概率由于排列组合的存在，需要计算的东西并不少，所以亲和性很高，与数字经常打交道也可以说是理所当然。可是，在意料之外的地方突然碰见数字的那种喜悦，对于一个研究者来说，是用什么东西都无法代替的。我这么说可能有一点夸张，但是“表述数字就相当于表述数学”，这么说也不为过吧。本书是在 2001 年出版的《图解杂学　不可思议的数字》（Natsume出版社）的基础上，大幅修改后的出版物。

最后说一点，科学书籍编辑部的石井显一先生，就此次出版关联的工作事无巨细悉心地帮助我，我深受他的恩惠，在此深表感谢。

2018年酷暑　记于横滨本牧　今野纪雄

目录

俯瞰数的世界

五花八门的数

例：$\sqrt{2}$ 既是无理数，也是实数，还是复素数。
另外，本书不涉及关于虚数的内容。

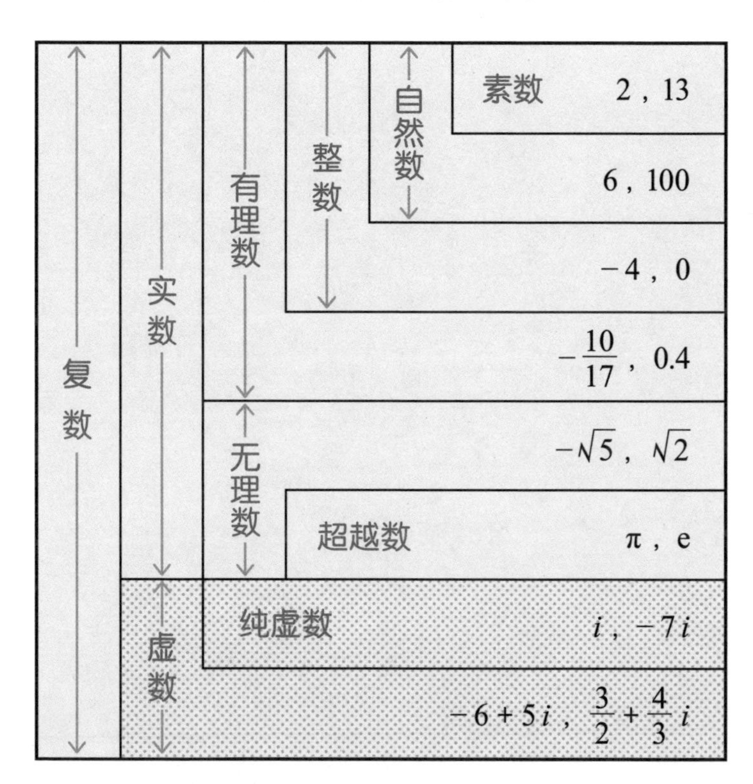

第 1 章

“数”的分类

这一章将要介绍的，是不仅在数学世界中，而且在日常生活的各个方面出现的数。具体地说，有自然数、偶数与奇数、倍数与约数，而且也会提到一点将在第 3 章重点介绍的素数。此外，还会讲解有理数与无理数、小数、实数。

1 “数”是何时被发现的

在本书中，比起数学更加注重数的本身，特别是将它那不可思议的性质当作焦点，进行深入地挖掘。在第1章，将要介绍数的起源，然后会解说关于数的大概的分类。

数的起源是从“数数”这个行为开始。我们的祖先为了清算猎物并且将数量告诉同伴，就无可避免地面临着数数这件事。

可能对于现代的我们来说根本无法想象，现在大家使用的“1，2，3”这样具体的“数字”，在那个时候根本还没有被发明出来，但是却有诸如被划上划痕的动物骸骨和被刻上记号的远古岩石，这一类可以明显推定为代表数量痕迹的东西正逐渐被人们发掘出来。

目前，学界普遍认为明确的数字表现首次出现于古埃及文明时期及美索不达米亚文明时期。大家可能也都有所耳闻，目前已经确定在象形文字中有着很多代表数字的符号。

不仅如此，还有巴比伦尼亚人在泥板书上使用楔形文字，运用60进制计算的记录；古希腊人曾使用的也是与现在的10进制相近的方法。

就像刚才解说的一样，使用在骸骨上划划痕的计数方法，是一种需要计算的东西越多越令人头疼的方法，所以说“1，2，3，…”这类数字的诞生，大概是我们的祖先为了追求日常生活便利的结果吧。

■古埃及文明、美索不达米亚文明

象形文字　　（公元前 3000 年左右）

1	10	100	1000	10000	100000	100000
I	∩	◎	[illegible]	[illegible]	[illegible]	[illegible]

如“23”则用“∩∩III”表示

■巴比伦尼亚

楔形文字

Y → 表示　1，60^1，60^2，…

≺ → 表示　10，10×60^1，10×60^2，…

运用了60进制的算法

■古希腊

1	10	100	1000	10000
I	Δ	H	X	M

在数字发明之前的“数”，被当成类似符号的东西来使用。

古希腊人使用的是与现在的10进制相近的方法。

2 “自然数”与“集合”

自然数，可以说是我们最熟悉的一种数了吧。一开始使用数字的时候，不论谁应该都是掰着手指头数着“一、二、三、…”这样的吧。换一种写法可以写成 1、2、3、…。这个“…”实际上是代表着无穷无尽的意思。

在这里，我们简单地介绍一下具有某种特定性质的对象汇总而成的集体，也就是我们常说的**集合**，这样我们就能够更好地理解自然数和其他各种数的特定性质了。

我们将构成集合的一个个对象称为元素。例如，“1、2、3、4、5是组成集合A的元素”，那么我们可以这样表示：

$A=\{1,\ 2,\ 3,\ 4,\ 5\}$

按照这种方法，我们就可以把由所有自然数组成的集合N表示为：

$N=\{1,\ 2,\ 3,\ \cdots\}$

因为自然数在英语里叫natural number，所以我们常用它的首字母N来表示自然数的集合。

而且，我们一般把含有有限个元素的集合叫作**有限集**，像自然数全体的集合 N 这样含有无限个元素的集合叫作**无限集**。

刚才的集合 A，是由 1 以上 5 以下的自然数组成的，所以我们也可以用“$A=\{x|1\leqslant x\leqslant 5$，$x$ 属于自然数$\}$”这样的方式来表示。

■集合是什么

1、2、3、4、5是组成集合A的元素。

此时，我们就说1、2、3、4、5分别都属于集合A，一般表现为：

“$1, 2, 3, 4, 5 \in A$”

或者是这样：

“$A \ni 1, 2, 3, 4, 5$”

■集合N与集合A的关系

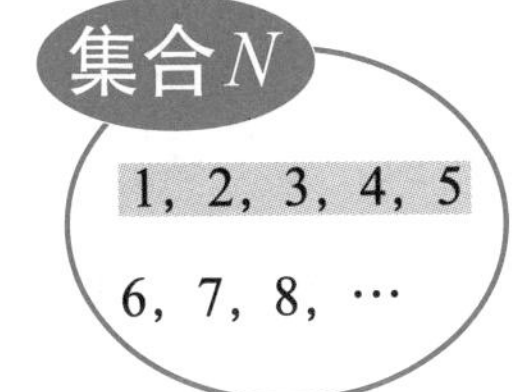

如左图所示，集合A被包含在集合N当中。

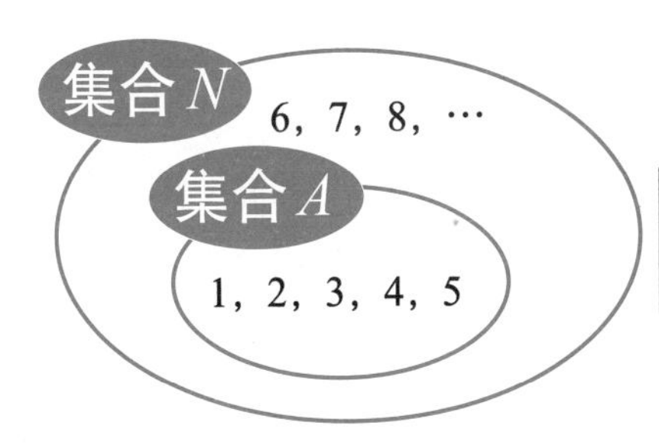

这样，我们就称集合A是集合N的子集。

“负数”是什么

这一节，我们来说一说负数吧。

负数在我们的日常生活中很常见。在寒冷的冬天，肯定都听过“今天的最低气温是零下 10（–10）℃”这样的天气预报。这个“零下 10（–10）℃”，就是负数。

在使用负数的时候，可以在脑海里想象一把以 0（零）为原点，向左右无限延长的“尺子”。

在这里，我们称这把尺子为**数轴**。

以 0 为出发点，向右连续的 1、2、3、…，我们称为正数（即前面学过的自然数），反之向左连续的 –1、–2、–3、…，则是我们现在所说的**负数**。这些数的刻度，是关于 0 左右对称排列的。

负的符号是–（负），有“减去”“失去”的意思，如“–3”表示从某个数上减去3的意思。

不仅负数的前面带有负的符号，其实正数的前面也有被省略的+（正）的符号。正的符号与负相反，意思是“增加”“得到”。

负数和前面提到的自然数，再加上 0 组合起来就是**整数**，所以我们也可以说自然数是**正整数**，这里介绍的负数是**负整数**。

■数轴是什么

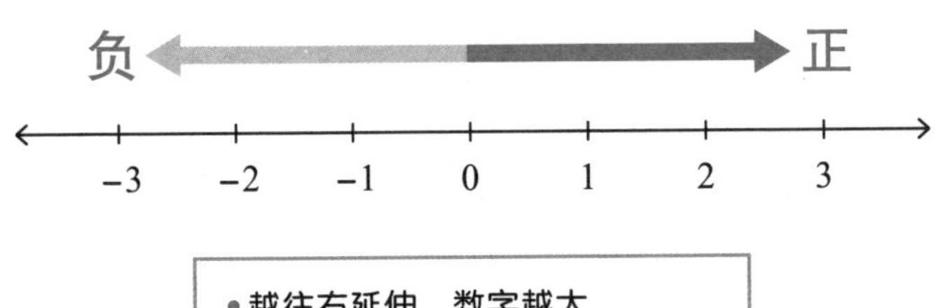

- 越往右延伸，数字越大
- 以 0 为原点，左边是负数

■温度计就是我们身边的数轴

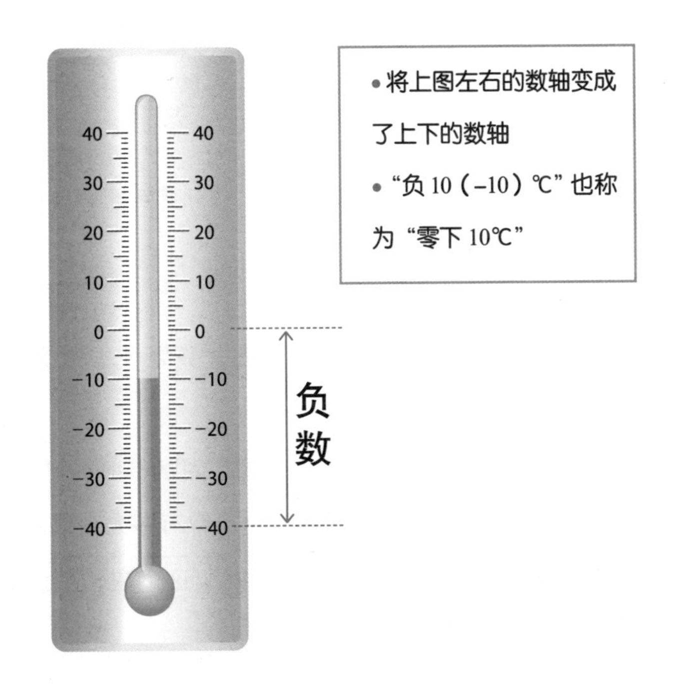

- 将上图左右的数轴变成了上下的数轴
- “负 10（−10）℃”也称为“零下 10℃”

4 “偶数”与“奇数”的区分方法

相信读者们一定都知道奇数与偶数的存在吧，稍微确认一下，可以被 2 整除的数是偶数，不能被 2 整除的数是奇数。如果利用在前面学习的集合的符号来表示，那么偶数的集合 A 就是：

$A = \{\cdots, -4, -2, 0, 2, 4, \cdots\}$

反之，奇数的集合B则是：

$B = \{\cdots, -3, -1, 1, 3, \cdots\}$

稍微以数学的方式来说的话，如果 a 为整数，那么就可以把偶数表示为“$2a$”，奇数表示为“$2a+1$”。

我们来看看 8 这个数字：

$8 = 2 \times 4$

由此可以得出 8 是偶数。确实，只要令 $a=4$ 就可以知道了。那么，15 的话：

$15 = 2 \times 7 + 1$

由此可以得出 15 是奇数。确实，只要令 $a=7$ 就可以知道了。

那么反过来，如果给我们一个数，我们如何判定它到底是偶数还是奇数呢？实际上不管这个数有多大，我们**只看一位数就可以辨别**。例如，“135798”这个数，个位数的“8”是偶数，所以这个数也是偶数。

同样的，“224466881” 这个数，个位数的“1”是奇数，所以这个数也是奇数。

■与结婚送礼的规矩也有关系的偶数与奇数

在日本，如果送以 2 为单位偶数张的礼钱，则会让人联想到“夫妇分别”，是很犯忌讳的。

如果礼钱是 3 万日元

3 张　是奇数，所以没有问题。

如果礼钱是 2 万日元

2 张　是偶数，所以犯忌讳。

3 张　如果将其中的 1 张 1 万日元换成 2 张 5 千日元，那么总数就变成 3 张，这样就没有问题了。

乘除法运算中重要的“倍数”与“约数”

在进行乘法、除法的运算时不可以忘记的就是“倍数”与“约数”。

自然数a的倍数，代表着“将 a 变成几倍所得的数”，如将那个几倍定为“n 倍”（n 为正数）的话，3 的倍数就可以表示为 $3n$。注意，此时 $a=3$。

如果把这个放在数轴上面来看的话，2 的倍数是间隔 1个自然数的所有自然数，那么 3 的倍数就是间隔 2 个自然数、4 的倍数就是间隔 3 个自然数……如此继续。也就是说，a 的倍数就是间隔（$a-1$）个自然数的所有数。

再来看约数。对于两个自然数 a 和 b，当 a 是 b 的倍数时，我们就称 b 是 a 的约数。例如，21 是 3 的倍数（$21=3\times7$），所以 3 就是 21 的约数。

接下来说说公倍数与公约数吧。如果几个数有共同的倍数与约数，那么我们就分别称它们为公倍数与公约数。

此时，我们一般主要会看公倍数里**最小的数**。例如，3 和 4 的公倍数是 12、24、36、…，所以它们的最小公倍数就是 12。为什么主要看最小的数呢？这是因为最大公倍数有无穷大，所以无法定义。

与之相反的公约数则主要会看**最大的数**。12 和 30 的公约数有 1、2、3、6，所以最大公约数是 6。同样的，为什么主要看最大的数呢？这是因为最小公约数（总是）为 1。

■最小公倍数

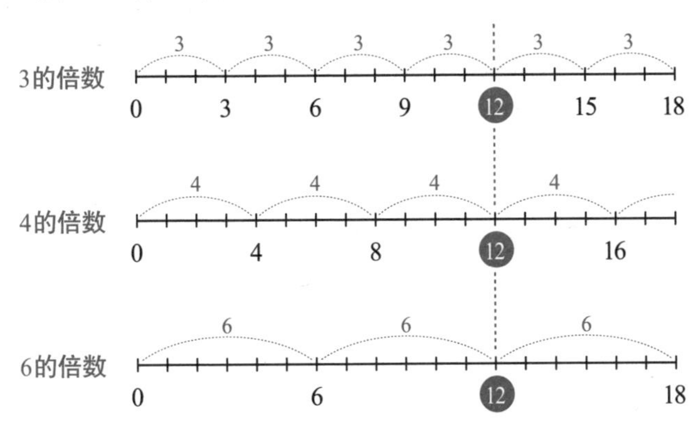

- 同时是这 3 个数的倍数“12”被称作公倍数
- 24、36、…也是公倍数，“12”是最小公倍数

■最大公约数

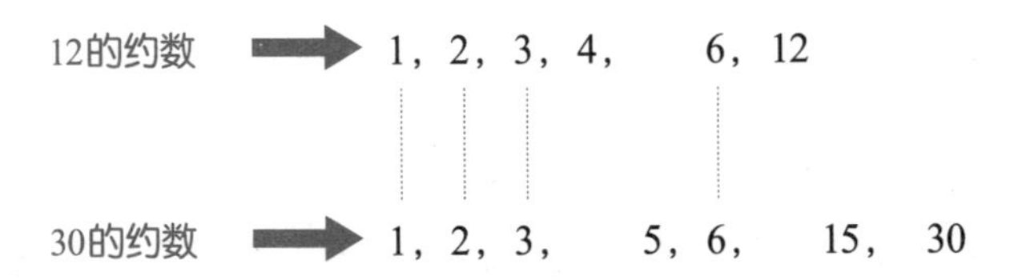

“12”和“30”的约数当中，两者都有的“1、2、3、6”是公约数，其中“6”是最大公约数。

6 “素数”是什么

上一节我们学习了约数，这一节我们就在其基础上来讲一讲**素数**吧，在第 3 章还会具体讲解。我们先来看看“6”这个数字，很快就可以算出“6”的约数有：

1，2，3，6

也就是说，6可以被上述4个数整除。

我们再来看看“7”这个数字。“7”的所有约数只有：

1，7

也就是“1”和“7”本身。

像“7”这样**约数为“1”或者其本身的数**，我们称之为**素数**。像这样乍一看觉得有点特殊的数，会在之后的介绍中慢慢掀开神秘的面纱，我们就可以知道它和数字各种各样的领域都有着非常密切的关系。如果试着将素数从小到大排列的话，就会像这样：

2，3，5，7，11，13，17，19，23，…

连续下去无止境。通常，我们不把“1”当作素数。

我们再看看这个数列，可以发现除了第一个数“2”以外的其他数都是奇数吧。事实也正是这样。虽然是这样，但是却不能说所有的奇数都是素数。比如说奇数“9”，它的约数就除了“1”和“9”之外，还有“3”。

如果再仔细研究这个素数的数列的话，还会有各种各样好玩的事情，我们就暂且把这个期待放到第 3 章吧。

■寻找6的约数

$\frac{6}{1}=6$ ○　$\frac{6}{2}=3$ ○　$\frac{6}{3}=2$ ○　$\frac{6}{4}=1.5$ ×　$\frac{6}{5}=1.2$ ×　$\frac{6}{6}=1$ ○

6 的约数是“1，2，3，6”

■寻找7的约数

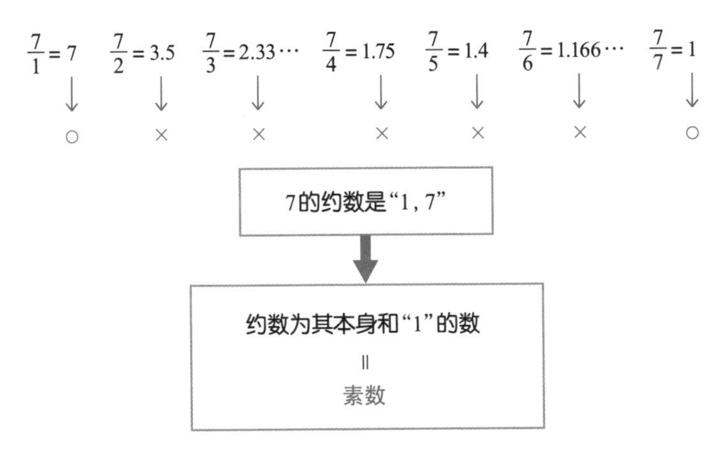

将素数从小到大排列的话就是　2，3，5，7，11，13，17，19，…

以上述的方法进行寻找的话，仅能被第一个数和最后一个数整除的就是素数。

7 “有理数”是什么

到目前为止的章节一直都在说整数，接下来的章节就来讲讲包括整数和一些其他的数的集合吧。这一节，我们要介绍的是被称为**有理数**的数。有理数在数学上的定义是“可以将整数 m 和非 0 整数 n 以 $\frac{m}{n}$ 的形式表示的数”。为了那些“突然这么说也不明白”的人能够更好地理解，我们来举几个例子吧。

比如 $m=3$、$n=5$ 的时候：

$\frac{3}{5}$ 是有理数。

再比如 $m=3$、$n=6$ 的时候：

$\frac{3}{6}$ 也是有理数，当然这个数也等于 $\frac{1}{2}$。

而当 n 为 0 的时候，由于分母为 0，式子就不成立了。但是 m 却可以为 0，比如 $m=0$、$n=5$ 的时候：

$\frac{0}{5}$ 是有理数。

也就是说，0 也是有理数。

由此引申，如果令 $n=1$，那么 $\frac{m}{1}=m$ 本身，于是可以推出**所有整数都是有理数**，所以作为正整数的自然数也理所当然的是有理数。像这样自然数（正整数）、整数、有理数的包含关系如**右页**所示。

■自然数（正整数）、整数、有理数的包含关系

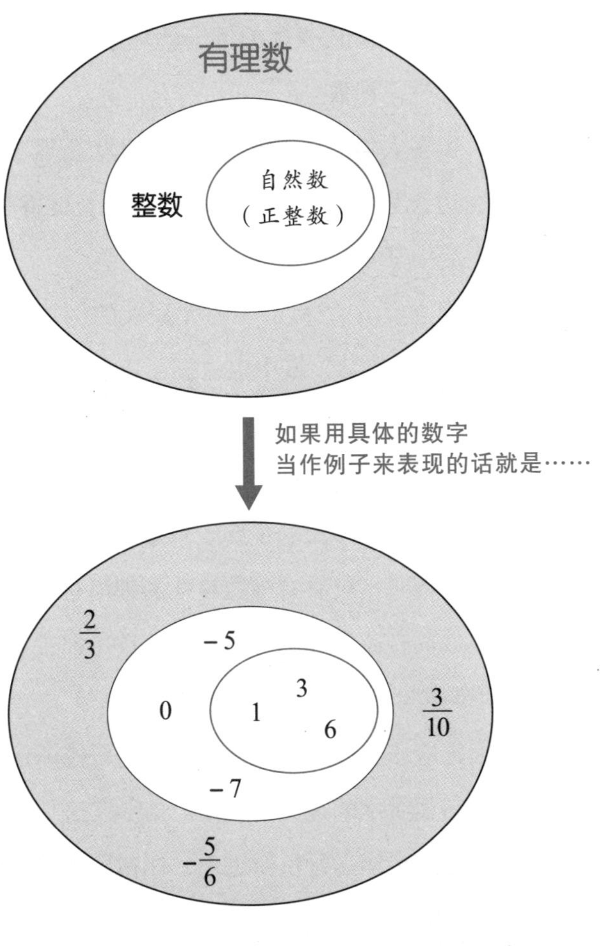

有理数的定义

当 m、n 为整数时（$n \neq 0$），

$\frac{m}{n}$是有理数

“无理数”是什么

这一节向大家介绍有理数以外的数，也就是我们所说的**无理数**，其中最具有代表性的例子就是$\sqrt{2}$。其他还有像$\sqrt{3}$、$\sqrt{5}$，也都是无理数。

无理数，很多人乍一看可能觉得很陌生，但其实并不是这样。例如，边长为 1 的正方形的对角线的长度就是$\sqrt{2}$，就像这样，生活中其实处处都有无理数的存在。

此外，日常生活中经常出现的无理数的例子还有**圆周率π**。这个圆周率在数学领域中也占据了重要的一席之地，在本书的第7章将进行关于它的详细讲解。

在距今 2500 年以前左右，毕达哥拉斯曾提出“万物皆数”，并将其作为自己学派的主旨。但是，这里的“数”指的是正有理数。他坚信仅有有理数存在的理由是“世间万物都是和谐的，如同音阶的和谐一般是自然数（即正有理数）的比例所赋予的”。

但是，大家应该都知道被人们称作**毕达哥拉斯定理**（勾股定理），如**右页**所示的是关于直角三角形三边长的定理。讽刺的是，正是这个毕达哥拉斯定理，如**右页**说明的那样，最终发现了$\sqrt{2}$的存在。

据传说，曾经有无意间说出“$\sqrt{2}$是无理数”的毕达哥拉斯学派的学者，在航海途中被推落大海淹死的事情。可见在历史上，曾经有一段时期，有理数、无理数的概念竟然和人类的生命一样重要。

■无理数的存在由毕达哥拉斯定理所证明

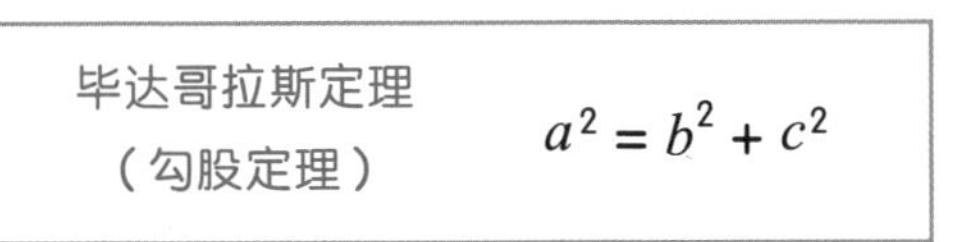

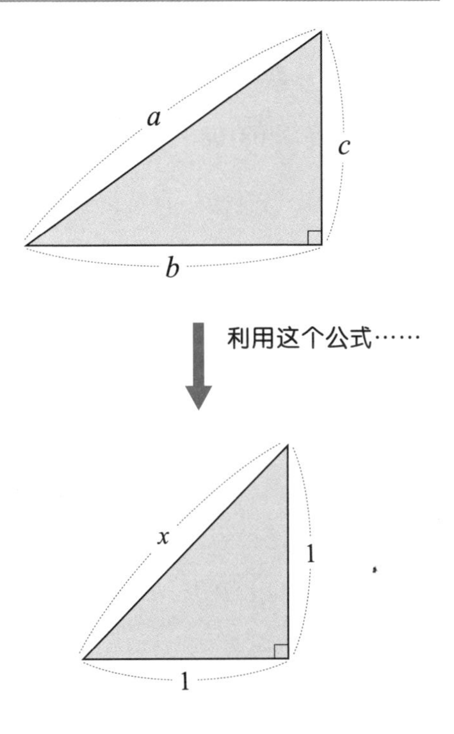

$x^2 = 1^2 + 1^2$

可推出，$x^2=2$

所以，$x = \sqrt{2}$

如此一来，无理数便诞生了

“小数”是什么

在这一节，我们来试着把之前学的有理数和无理数用小数的形式来表示吧。首先把有理数以小数的形式表示出来的话就是：

$\frac{3}{4}=0.75$，$\frac{1233}{500}=2.466$

像这样用有限数字表示的小数被称作有限小数，但是并不是所有的数都是有限小数。例如，也有像：

$\frac{1}{3}=0.333\cdots$，$\frac{39}{185}=0.2108108\cdots$

这样从小数点后某一位开始一直重复着相同数字列的**无限小数**。像这样的无限小数，我们称其为无限循环小数，表现形式为在数字的上面打点，就像这样：

$0.333\cdots=0.\dot{3}$，$0.2108108\cdots=0.2\dot{1}0\dot{8}$

反过来想，有限小数和无限循环小数也可以用$\frac{m}{n}$这样有理数的形式来表示。就像这样非整数的有理数，可以分为有限小数和无限循环小数这两种集合。

那么，无理数如果用小数的形式表现的话会是什么样子呢？

从结论来说，无理数是“无限不循环小数”。$\sqrt{2}$可以说是无理数的代表，把$\sqrt{2}$用小数的形式表示出来则是：

$1.41421356\cdots$

可能有很多人用“一四一四二幺三五六（一夜一夜正是

人看[1]时……）”这样的双关语来记住它吧。

“不循环”的意思就是像“人哟人哟[2]人看人看”这样，一直重复“人看”的事情是绝对不会发生的。

■小数的分类

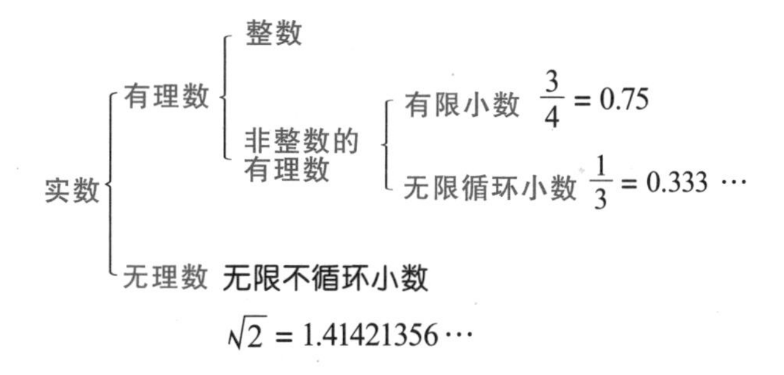

像上图这样小数，被分为“三大类（有限小数、无限循环小数、无限不循环小数）”。

■无限不循环小数

$$\sqrt{2}=1.41421356\cdots$$

$$\sqrt{3}=1.7320508\cdots$$

$$\sqrt{5}=2.2360679\cdots$$

$$\sqrt{6}=2.4494897\cdots$$

这些都是无限不循环小数。

---

❶ 同日语 13 发音。——译者注

❷ 同日语 14 发音。——译者注

“实数”是什么

这一节让我们来介绍一下实数吧。实数是所有有理数和无理数的统称。在本章第3小节中，我们介绍了数轴，其实这个数轴上所有的点就代表着所有的实数。每一个不同的点就对应着一个的实数。

那么，在所有的实数当中，有理数与无理数又是以什么样的比例存在着呢?

对于我们而言比较熟悉的，像$\frac{1}{4}$和$\frac{2}{5}$这样的分数，全部都是有理数，所以可能会觉得有理数压倒性的比较多。

但是现实却刚好相反，其实无理数比有理数要多得多。

想要准确地说明这件事有点困难，大概可以想象成**在无穷无尽的一片叫作无理数的大海中，有理数则是其中零星的孤岛一般的存在。**

随着对这本书阅读的深入，你也会慢慢地感受到这些时常违反我们常识，关于数字那不可思议性质的魅力，沉醉其中吧。

既然作为有理数和无理数统称的实数的范围非常广，有人可能会有这样的疑问：“那么，有没有非实数的数存在呢？”其实是有的，那就是被称为**虚数**的数。我们把“平方值等于-1的数i”叫作虚数。也就是$\sqrt{-1}=i$，还可以写成$i^2=-1$，但是本书对此不作详细介绍。

■实数、无理数与有理数的关系

在无穷无尽的一片叫作无理数的大海中，零星存在的有理数。

■为了更好理解实数和虚数的复数平面（高斯平面）

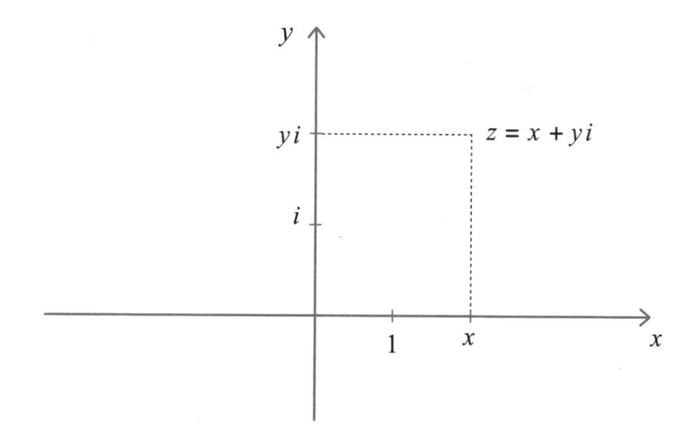

x轴代表实数，y轴代表虚数。

Column 1

能够快速记住无理数的双关语

在第1章登场的无理数是无限不循环小数。也就是说，全都是不规则数排列的小数，作为无理数的代表例子可以举出$\sqrt{2}$、$\sqrt{3}$、$\sqrt{5}$等。

为了能够记住这些数小数点后面的数字，从以前就有人们通过熟知的有名的双关语进行记忆。可能有很多读者都知道，我在这里就给大家介绍一下吧。

一夜一夜正是人看时❶

像其他人一样请客呀❷

富士山麓鹦鹉在啼叫❸

$\sqrt{2}=1.41421356\cdots$　一夜一夜正是人看时

$\sqrt{3}=1.7320508\cdots$　像其他人一样请客呀

$\sqrt{5}=2.2360679\cdots$　富士山麓鹦鹉在啼叫

❶ 同日语141421356。——译者注

❷ 同日语17320508。——译者注

❸ 同日语22360679。——译者注

第2章

一个特别的存在“0”

在这一章节我们来讲讲零。对于我们来说，零就宛如空气和水一般自然而然地存在着，但是其实与1、2、3、…这样的自然数相比，可以说零的诞生时间相当晚。像这样在数字中都算是一个“特别的存在”的零，就让我们一起来了解一下吧。

1 “0”是在何时何地诞生的

表示什么都没有的数字就是“0（零）”。

对于现代的我们来说，这个可以说是最熟悉的数字也不为过的 0，其实比自然数诞生得还要晚，并不是同一时期诞生的。

将时光倒流到公元6世纪。在欧洲，从公元前开始盛行的几何学占据了数学界的大部分位置，与此同时在古印度却只盛行代数学。大概是因为阿拉伯数字（即现在使用的计算数字）在古印度被发明，既可以表现数的大小，又有以符号形式来表示空位（什么也没有）的0的诞生的缘故吧。

0的诞生，要归功于古印度的数学家，这个发明可以说使得计算从单纯依靠算盘的时代转变为笔算时代了，而这也直接导致了随后代数学的蓬勃发展。

在古印度0被发明之前，世界各地的数字中都未有发现0的存在。**0首次涉足数学的领域就是从阿拉伯数字开始的。**

最开始0被说成是代表“太阳”，所以是用“○（圆）”表示的。随后又经过“•（点）”“φ（fai）”等表现形式，最后才成了今天的模样。据推测，0 变成今天的模样可能是15世纪以后的事情。应该有很多人觉得比想象的要晚很多吧?

在数学史上曾经有很多重大的发现，但是**没有什么比0**

的诞生更能够给数学的发展带来如此大的贡献吧。

0 的特殊性和存在的伟大意义，留到下一节讲。

■0的“先祖”们

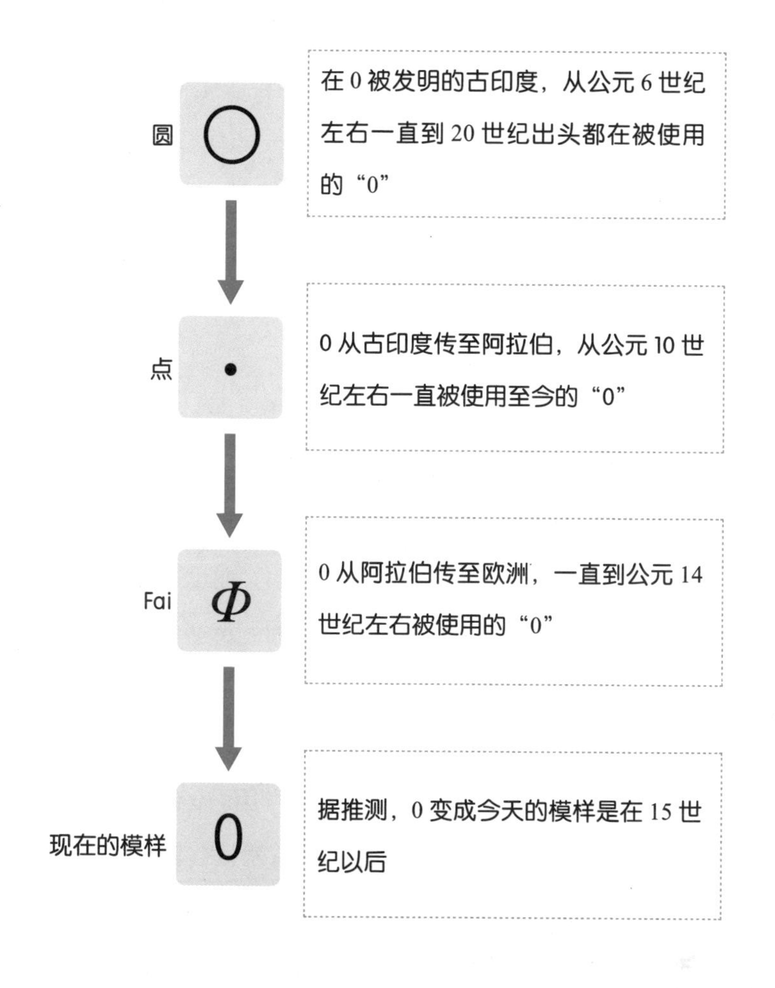

2 0的存在为什么很重要

整数列我们在第1章已经见过了，是“…，–3，–2，–1，0，1，2，3，…”这样的。四平八稳落座在其正中间的，正是0。在上一节也提到了，在世界各地诞生的数字当中，以前并没有0的存在。目前统一的说法是0是在古印度被发明出来的，但是具体是什么时候、由谁发明的，却已无处考证了。

顺便一提，这个0的“作用”有以下两点：

① 作为数字“大小”的0。
② 作为表示数字空位的“符号”的0。

这两点都是非常重要的。凭这些，不仅可以开始四则运算的计算，而且**所有都变得方便**了。例如，在没有0的古希腊数字里面，想要表示一个很大的数字时，就必须要记住很多的符号；但是在含有0的古印度阿拉伯数字里只需要10种符号（0~9）就能够完成这件事。

此外，0在**数轴上也起到了重要的作用**。0经常被作为原点来使用，其中最具代表性的可以说就是数轴。在一条直线上取一个原点O（用“O”表示是因为原点的英语叫作“Origin”，取其首字母），O的右边为正，左边为负。

原点 O 的坐标为 0。

只要使用 0，不论是像 0.00001 这样多小的数，或者像 1000000 这样多大的数都可以轻而易举地表示出来。

■0的存在价值

0 经常被作为原点来使用

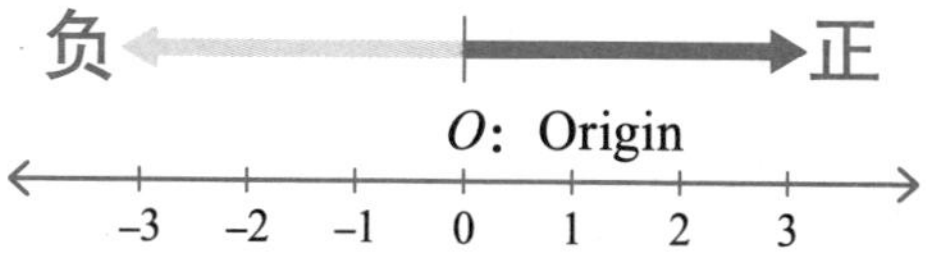

负 正

O：Origin

–3 –2 –1 0 1 2 3

很大的数、很小的数

1000000000000000000 ···

0.000000000000000 ··· 001

不论多大的数、多小的数都可以轻而易举地表示。

0 有两个意思

① 3 – 0 = 3， 5 × 0 = 0
表示“0”这个数字的大小

② 101，2053
分别表示位于十位、百位的空位，
由古印度向世界各地传播

0 是如何被人们知道的

在本章第 1 小节里，我们已经知道 0 是在古印度诞生的。由古印度向全世界，0 环游了一圈（❶）。在这里，我们就来看一看 0 到日本来的时候，都经历了一些怎样的旅程呢。

首先，据说在世界各地开始盛行贸易的公元 8~9 世纪，0 由古印度传至阿拉伯（❷）。

随后，0 又开始了从阿拉伯前往欧洲的旅程（❸）。关于这件事并没有明确的史料记载，但是据说西班牙人在其中扮演了重要的角色。既有“西班牙人来到阿拉伯，带走了算术用数字”这样的说法，又有可能是受到了十字军远征的影响。

古印度阿拉伯数字（算术用数字）传入日本是在幕府末期至明治时代，由荷兰人完成的（❹）。因为荷兰人从江户时代就开始与日本通商了，所以我认为 0 是在江户时代被传入日本的，但是这一时期由于幕府的闭关锁国政策，0 的存在并没有扩散开来。

虽说是在幕府末期至明治时代正式传入日本的，但是毫无疑问，彼时已经有一部分的荷兰学者知晓了 0 的存在。如果他们真的知道的话，那么肯定会因为只有自己知道 0 这样便利的数字而有一种优越感吧。

如果考虑到0的诞生是在公元6世纪左右这件事的话，那么日本人与0接触的时间，从这段冗长的历史上来看，可以说是最近的事情，应该不只是我一个人这么想吧？

■0的“漫长旅行”

到0传入日本为止

❶公元6世纪左右0诞生于古印度。

❷公元8~9世纪，0由来到阿拉伯的古印度学者传入。

❸西班牙人或者十字军把0带到了欧洲。

❹17世纪（江户时代），0由荷兰人带到了日本。

4 受0恩惠的“计算”

由于不可思议的数字——0的出现，**变得最方便的应该是四则运算**了吧。可以肯定的是，在0被发明之前，人们在计算这件事情上，花费了很多的劳力。我甚至为不知道0的人们产生了一种悲哀的心情。

首先，我们来看看有0的加法和减法吧。

那就简单地，试着以笔算举下例子（也请参照**右页**）。

①
$$\begin{array}{r} 856 \\ +\,100 \\ \hline 956 \end{array}$$

②
$$\begin{array}{r} 2264 \\ -\,800 \\ \hline 1464 \end{array}$$

在这些计算当中，由于0的出现，计算变得非常容易、简单。①和②都是，十位和个位的数字只需要分别向下移动即可。

比起上述加法和减法，乘法和除法虽然更加复杂一些，但是由于0的加入，计算也变得更容易进行了。

③
$$\begin{array}{r} 523 \\ \times\ 40 \\ \hline 20920 \end{array}$$

④
$$\begin{array}{r} 16 \\ 125\overline{)2000} \\ \underline{125} \\ 750 \\ \underline{750} \\ 0 \end{array}$$

只要与0相乘，不论是多大的数都会变成0。现在可以明白**在四则运算中0的价值有多高**了吗？

■将计算变得简单的 0

挑战笔算

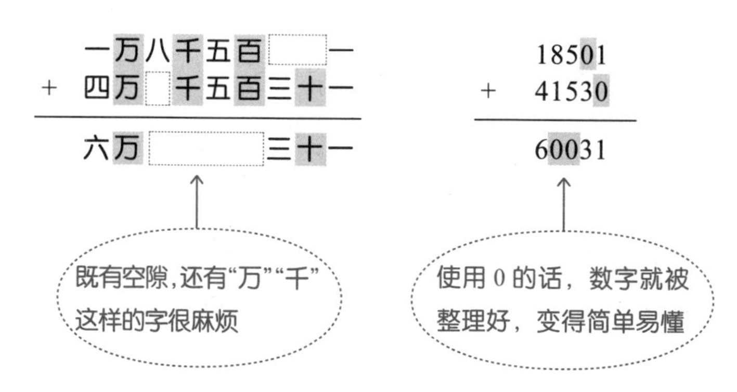

乘法的笔算

•汉字数字	•古印度阿拉伯数字
五百四十	540
× 八百　二	× 802
千　八十	1080
四十三万二千	4320
四十三万三千　八十	433080

0 的诞生使笔算变得简单。

0 和空集有相似的关系

最早 0 是被称作“表示太阳”的神秘的数字，所以用表示太阳的“○”来表示 0，随后又曾经用过“·（点）”“ϕ”等表现形式后，发展至今天的竖长的椭圆形符号，这一点在前面也为大家讲解了。

在这其中还有平时不怎么多见的 ϕ，这个符号是什么呢？这个符号在希腊文字当中读作“Fai”。虽然在希腊数字中，ϕ 代表的是 500，但是像刚才提到的一样，在公元 13 世纪的古印度阿拉伯数字当中，ϕ 表示的是 0。

但是现在，ϕ 却变成了主要表示“空集”的符号。空集的定义是：**没有任何元素的集合**。然而空集和 0 却并不是完全没有关系。接下来简单地介绍一下集合吧。用图来介绍集合比较容易理解，具体请参照**右页**。类似**右页**这样的图，我们称为维恩图。其中各种符号的意思是：

①$A\in B$→集合 A 是集合 B 的子集。

②$A\cup B$→至少属于集合 A 或集合 B 的任意一方。

③$A\cap B$→同时属于集合 A 和集合 B。

这个时候，如果我们把“∪”想象成“+”，那么“$A\cup\Phi=A$”就相当于是“$a+0=a$”；另外，如果把“∩”想象成“×”，那么“$A\cap\Phi=\Phi$”就相当于是“$a\times0=0$”了。这样看来，确实可以得出 **0 和空集有相似的关系**。

无论如何都可以说，“没有”任何元素的空集，作为集合是“存在”的这一点，和代表着“没有”的“0”这个数字实际上“存在”这件事，其实是同一种“把戏”。

■0和空集的关系

维恩图（欧拉图）

①$A \in B$（集合A被集合B包含）

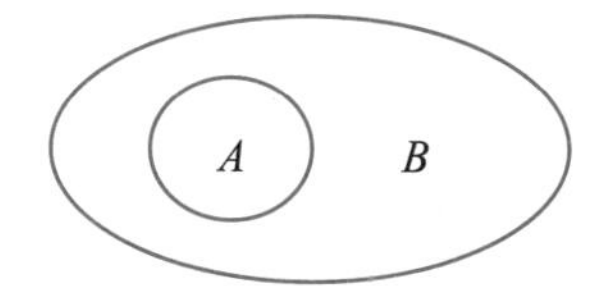

②$A \cup B$（集合A和集合B的并列部分）

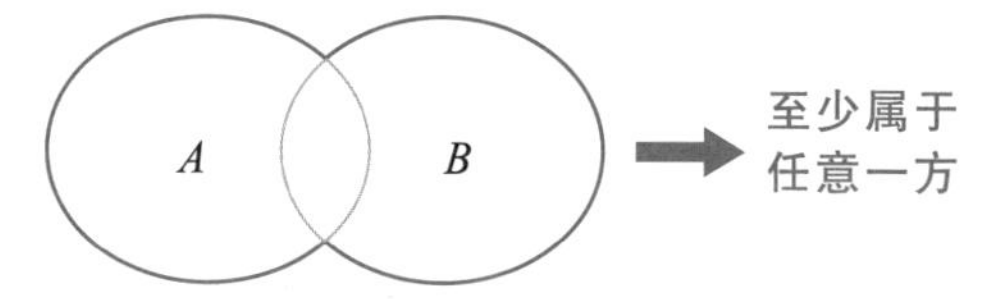

③$A \cap B$（集合A和集合B的相交部分）

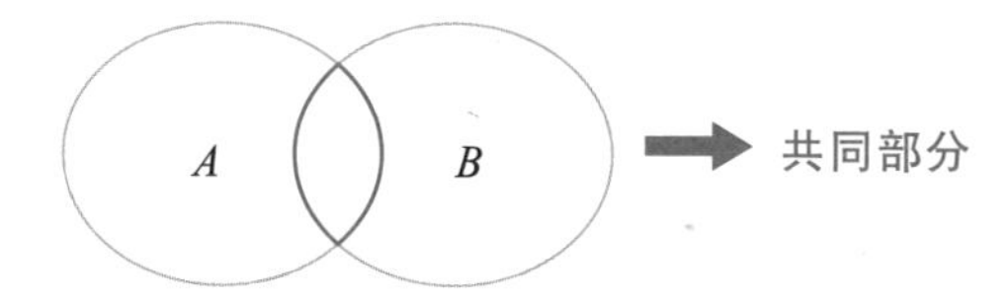

空集 Φ 是没有任何元素的集合

$A \cup \Phi = A$ ➡ $a + 0 = a$

$A \cap \Phi = \phi$ ➡ $a \times 0 = 0$

Φ和0并不是毫不相干的。

6 0、垂线和平面坐标

在此前，数轴已经出现过了很多次，这一节，我们具体来看看 0 和数轴的关系吧。

数轴的定义是：在一条向左右无限延伸的直线上取一点 O 并将其作为原点，在 O 的右方取一点 A，使 O 和 A 之间的长度为 1 单位长。此时 O 的右方为正，左方为负。用文字表示的话看起来比较难懂，参照**右页**的话应该就可以明白。

如此，这条直线上所有的点就代表着**全体实数**。将 O 的坐标为 0 表示为 O（0）。当然，A 则表示为 A（1）。数轴在大部分情况下都是以 0 为基准点，所以 0 是不可欠缺的。如果以其他的数，比如说 1 为基准点，那么距其 2 单位长的点则分别是 3 和 –1；与 0 的 2 和 –2 相比很明显，变得比较麻烦。也就是说，与 0 相距 n 单位长的点就是 n 和 $-n$，比起用其他的数当基准点来说更简单。

再进一步说，如果有 2 条数轴垂直相交于原点 O，我们则称之为**平面坐标**。

与数轴相比截然不同的就是，**即使不在线上也可以取点并且用坐标将其表示**。而且，如果取 x 轴上的点的话，其 y 轴坐标就必定为 0；反之，y 轴上的点，x 轴坐标也必定为 0。这一点也请参照**右页**。

在数学当中，比起数轴来说，平面坐标的登场次数明显要高得多，但是不论哪一种，都是基准点［此时为（0，0）］为 0 的话，用起来很方便。

■数轴是什么

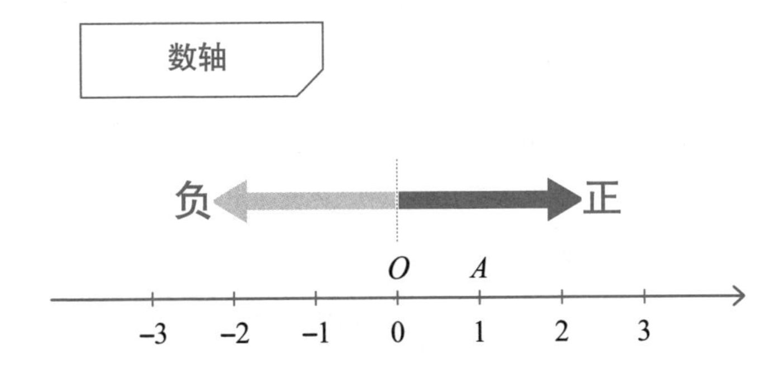

■平面坐标是什么

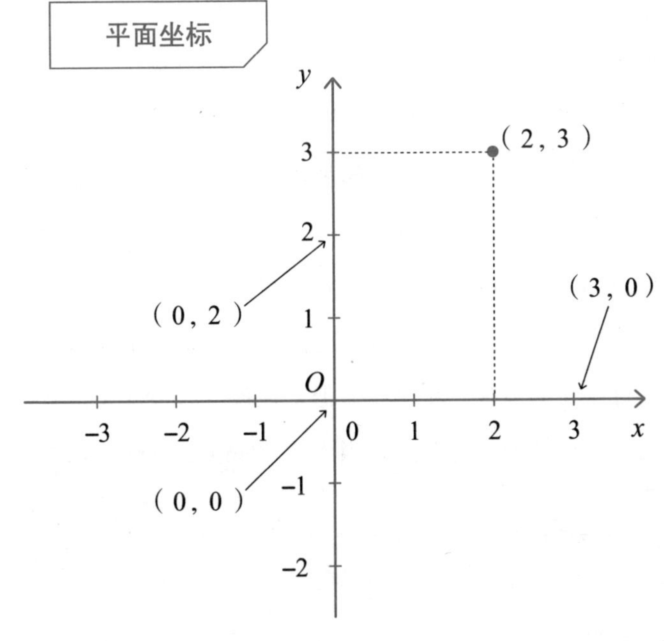

7 使用0可以简单地表示数值很大的数字

0 是一个可以简单地表示数值很大的数字。在日本，也有像一、十、百、千、万、亿、兆这样的单位。在国家的预算案当中，经常会有“兆”这样的单位出现，所以其实很平常吧。顺带说句题外话，我曾经读过一本杂志，上面写着一个现在非常成功的实业家，在年轻的时候“梦想是开一个豆腐店”，其志向就是“想要变成能够随意使用一兆、二兆[1]的人”。

那么，大家知不知道**兆以上的单位**呢？兆以后的单位还有京、垓、秭、穰、沟、涧、正、载、极、恒河沙、阿僧祇、那由他、不可思议、无量大数。到无量大数这个单位，就相当于是 10 的 68 次方，真是宛如文字本身的意思呢。像这样如果使用有 0 的古印度阿拉伯数字的话，只需要 0，1，2，3，4，…，9 这样 10 个符号就可以表示了，但是如果是**没有 0 的汉字数字的话，每增加一位数就需要多发明一个符号**。

在英语里面，千是thousand、100万是million、10 亿是billion、1 兆是trillion。其次还有 10 的 33 次方叫作decillion，相当于日本的 10 沟左右。在英语里面，看逗号的位置也能知道，每 3 位数就换一个名称。但是在日本却是每 4 位数换一个名称，比如说“万”就相当于是“ten thousand”。对此，

[1] 日语中豆腐的计量单位和“兆”同音。——译者注

应该也有人觉得稍微有些违和吧。

■在中国诞生的数值很大的数字

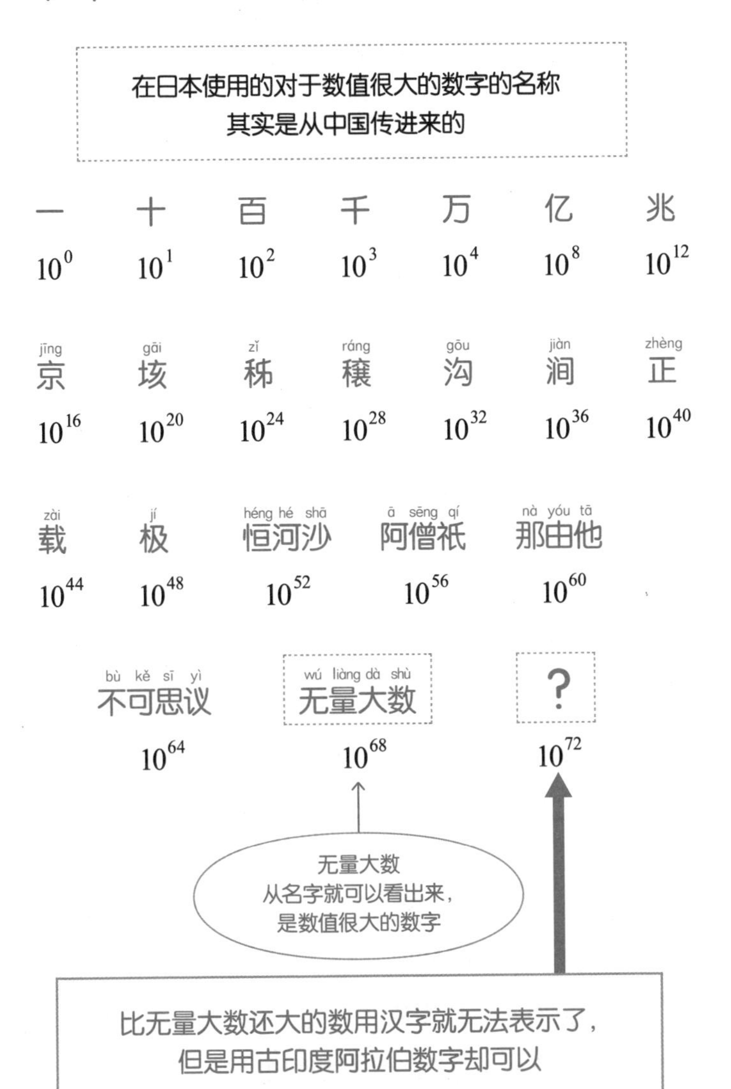

8 我们身边随处都有 0

大家可以找出多少身边“使用0的例子”呢?

例如，“风级 0”，这就是完全没有风吹动的意思。但是表示地震的“震度 0”说的却并不是“完全没有震动”。它的意思是虽然人体感觉不到，但是地震计却可以感知得到的程度的震动。也有“降水率 0”这样的 0。虽然表示的是 0，但是其实却下雨了这样的经验，应该也不只有我经历过吧。这个“降水率 0”好像准确地来说应该是“降水率不足 5%”。再比如，“0 岁小孩”则代表着出生未满 1 年的婴儿的年龄；年末和火箭发射时，“3、2、1、0”这样的**倒计时**里面 0 也是不可欠缺的。

另一方面，不使用 0 的场景也有很多。如运动会时肯定看不到有小孩子开心地喊道“太好啦！0 等奖”吧；也没有听说过“今天的会议将在本栋楼的 0 层举行”这样的导航吧。但是，在日本和美国虽然没有 0 层，0 层在英国却代表着“**一楼大厅**”。所以说日本和美国的大楼的 1 层，就相当于是英国的 0 层。

年号中的“平成元年”与“平成 1 年”相等，并不是“平成 0 年”。在月日当中也是，1 年的开始并不是“0 月 0 日”，而是“1 月 1 日”。

如果去调查一下使用或者不使用 0，到底是以什么为基准设定的，说不定会发现一些有趣的东西呢。

■我们身边的0

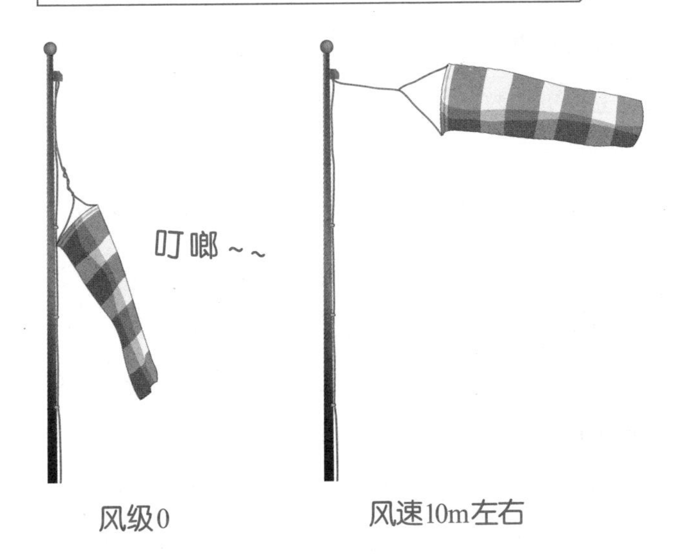

Column 2

“新世纪”为何不从 0 开始

大家有没有对新世纪是从 1901 年、2001 年、……开始的这件事抱有过疑问呢?

照理来说新世纪，以 1900 年、2000 年、……作为开端的话看上去更加整洁、漂亮，但事实却采用的是公元的个位为“1”的年份。

而这个理由是公元后是以“公元 1 年”开始的。因为在当时还没有“0”这个概念，所以**只能从1年开始**。

而如果是以“公元 0 年”开始的话，不仅 2000 年就属于 21 世纪了，在 1600 年发生的争夺天下之战——关原合战也就变成不是 16 世纪，而是 17 世纪发生的事了。

也可以说，世纪从 1 开始计算，是人们一直无法发现 0 存在的“后遗症”。

第3章

拥有各种猜想的“素数”及其不可思议的性质

在这一章节，我们主要讲解素数。素数的定义是“一个大于1的整数，且约数为1或其本身的数”。具体来说，就是像2，3，5，7，11这样的数。虽然素数的定义看上去很简单，但实际上它却有不可思议的性质以及拥有各种猜想的，在这里，我们就简单地介绍一些。请大家尽情地为其倾倒吧。

1

素数是“最重要的”数吗

随着互联网技术的普及，确保其安全的重要性也慢慢被突显，这就是加密技术。如果无法确保其安全性，那么不论是网上购物、网上银行还是网上炒股，都没有办法安心使用吧。

那么，请问大家知道在加密技术当中，这一章节的主角——**素数**也起着非比寻常的作用吗？接下来就为大家说明一下。

素数是“约数为 1 或其本身且大于 1 的整数”。就像这个世界上存在的所有物质都是由原子构成的那样，对于所有的自然数来说，如果将其渐渐分解为最小的素数的话，则一定会是几个素数之积的形式，而这个过程就叫作分解质因数。但是，对于数值很大的数而言，分解质因数并不是一件简单的事情。

并且，这个分解方法都是以一种方式决定的，所以可以将其想成是“一种密码信息”。现在我们以数字“30”为例，简单地说明，我们可以将其分解成“30 = 2×3×5”。其次如果分别将素数“2”对应为“H”，素数“3”对应为“I”，素数“5”对应为“！”的话，就可以把数字“30”转写成“HI！”。而现实的加密技术虽然更加复杂并且有更多的变化，但是这种思考方式是其中最基本的一种。

顺带问一句，素数有多少个呢？正确答案是“与自然数一样有无限多个”。关于这个结论的证明在距今遥远的大约 2300 年以前，就已经出现在欧几里得（公元前 330？~公元前275？年）所著的《原论》这本书上了。

■分解质因数是什么

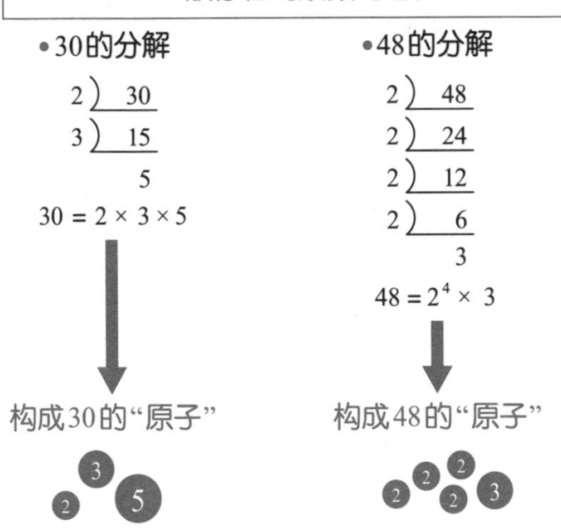

■《原论》也叫作《原本》或者《几何原本》

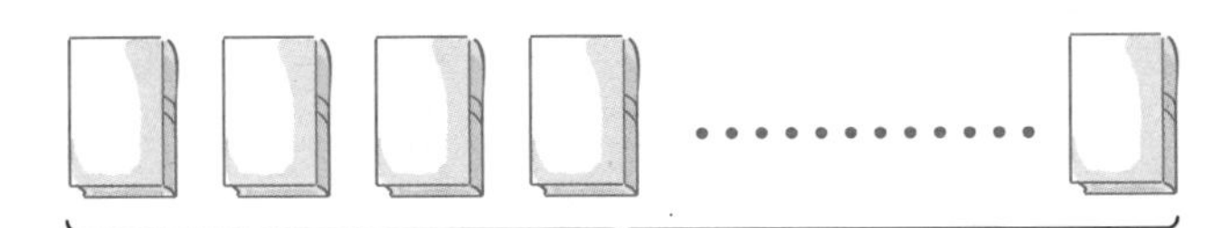

《原论》13卷

欧几里得把到古希腊时代为止的许多人的数学成果相结合，总结出了一种理论体系著于《原论》中。其中内容不仅有几何学，也涉及了数。

2 素数有无限多个

大家都知道，自然数无穷无尽，那么素数又如何呢？从结论来说，**“素数有无限多个”**。但是满足“除了 1 和其本身之外没有任何约数”这个特殊条件的素数竟然有无限多个，这一点实在令人难以置信吧，所以就为大家介绍一下欧几里得记载于《原论》中关于“素数有无限多个”的**证明**吧。顺便说一句，除了这种方法以外，还存在着各种各样其他的证明方法。

欧几里得使用的是**反证法**，也就是先假设“素数是有限多个”，然后找出其中的矛盾，否定自己的假设，以证明“素数有无限多个”的方法。反证法也曾被用来证明“$\sqrt{2}$是无理数”。

如上述所说，最开始先假设“素数是有限多个”的。若素数是有限多个，那么就应该存在一个最大素数。我们称它为 P。再令“$Q=2\times3\times4\times\cdots\times P+1$”。若 Q 为素数，那么 Q 就成了大于 P 的素数，这与 P 是最大素数这一点互相矛盾。

另一方面，若 Q 不为素数，那么就必定会被1或自身以外的素数整除。但是 Q 被从 2 到 P 之间的任何整数除了之后还会余1，并不能被整除，所以前后矛盾。

无论是哪种情况，都会有矛盾产生，所以就可以否定**“素数是有限多个”**的假设，得出“素数有无限多个”的结论。

我们把不是素数的数称作**合数**（但是 1 不属于合数也不属于素数）。因此，大于 1 的自然数，不是素数就是合数。

■最大的素数“不存在”

让我们试着用“反证法”
来证明素数有无限多个吧

（假设） 素数是有限多个，于是就存在最大的素数。
那么我们先称P为那个最大的素数

再假设一个Q，令$Q=2\times3\times4\times\cdots\times P+1$

若Q为素数

则$Q>P$
与P是“最大”
的素数这一点
相矛盾

若Q不为素数

取一个$1<R<Q$的素数R，
则Q应该被R整除。
但是却并不能被从2到P
之间的任何整数整除
前后矛盾

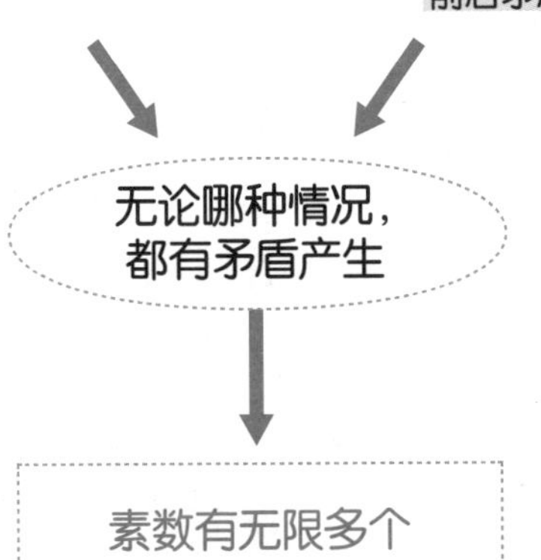

3 素数是如何分布的

在上一节，我们知道了素数有无限多个。那么素数究竟**在自然数中是如何分布的**呢？虽然证明过程非常烦琐，但是在1848年，数学家切比雪夫证明出了这样的结果：“当$x>1$时，x与$2x$之间一定会有素数存在。”而实际上，若令$x=100$，那么100和200之间大约有20个素数的存在。虽然切比雪夫的证明结果看上去很粗略，但其实想要得出这样有规律性的结果，大部分时候都会非常困难。

那么，为了调查素数的分布，直接去数“在某个一定区间内，含有多少个素数”应该是通常的方法吧。

实际调查之后可以得知，在1到1000之间，一共有168个素数存在。关于求这个数的方法，我们在后面再具体介绍。那么，我们接着将其以到100之间、到200之间……这样细分为每100一个的小区间来看素数个数的话，按照顺序“1~100之间有21个”，之后是16个、16个、17个、14个、16个、14个、15个、14个。

接下来的内容就有些复杂了。若假设自然数x以内的素数个数为$\pi(x)$个，那么就可以得出下面的结论。首先，素数存在无限多个这一点，我们在上一小节里已经证明了，那么若令x趋近无穷大，则$\pi(x)$也会趋近无穷大。可是令人吃惊的是，**x越大，$\pi(x)$的值越趋近于$\frac{x}{\log x}$**。这一点由阿德里安·马里·勒让德（1752~1833年）和卡尔·弗里德里希·高斯

（1777~1855年）这两位数学家提出猜想，并各自在 1896 年将其证明了。关于 $\log x$，我们在第8章再详细解说。这个定理就是在研究素数过程中得出的最重要的成果之一，我们称为素数定理。

■素数的分布

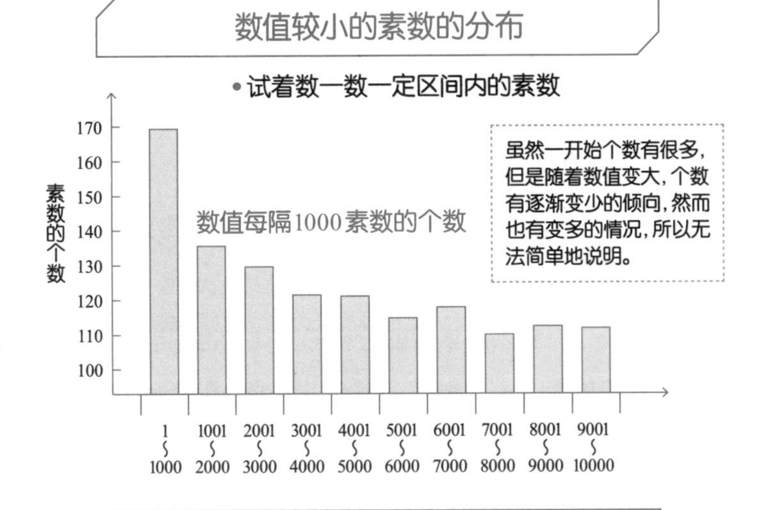

数值较大的素数的分布

• 素数定理：数值小于 x 的区间范围内的素数个数大约是 $\frac{x}{\log x}$ 个

x	素数的个数 $\pi(x)$	$\frac{x}{\log x}$	误差（%）
10^2（=100）	25	22	12.00
10^3	168	145	13.69
10^4	1229	1086	11.64
10^5	9592	8686	9.45
10^6	78498	72382	7.79
10^7	664579	620421	6.64
10^8	5761455	5428681	5.78
10^9	50847534	48254942	5.10

虽然当 $x=10^9$ 误差还在5%以上，但是已经可以得知当 x 越大，误差会越小。

4 “孪生素数”是什么

在前一小节，我们见识了自然数的一定区间内的素数分布，那么接下来就来看看**相邻的素数组**吧。

在素数当中，有被称为**孪生素数**的，与其说是素数的“对”，不如说是“组”。这就是像 3 和5、5和 7 这样，由于是相差为2的素数组，所以大家也应该可以接受这样的命名吧？

关于孪生素数，也有“与素数一样有无限多个”这样的猜想存在，但是谁也没能证明这一点。如果这个猜想是正确的，那么也就是说无论是多大的数，在数轴上的旁边一点点就一定有另外一个素数和它一起并列着。然而，其实寻找大数值的素数是一件很艰难的事情，一想到此就感觉到很不可思议。即使这么看，想要**表述素数的分布的规律性也相当困难**。

在这里就为大家介绍一下 100 以内的孪生素数组吧。

（3，5）（5，7）（11，13）（17，19）

（29，31）（41，43）（59，61）（71，73）

就像这样，**100 以内的数里有 8 组存在**。此外，目前已知的最大的孪生素数已经达到了 388342 位数的数值了。

那么，像这样相差为 2 的 3 个素数的组合，也就是所谓的**三胞胎素数**组又有多少存在呢？其实呀，三胞胎素数只有（3，5，7）这样 1 组存在。再进一步说，由于“9”并不是素数，所以我们可以知道（3，5，7，9）这样的四胞胎素数

（更往下说就是 n 大于 4 的 n 胞胎素数）并不存在。

■寻找三胞胎素数

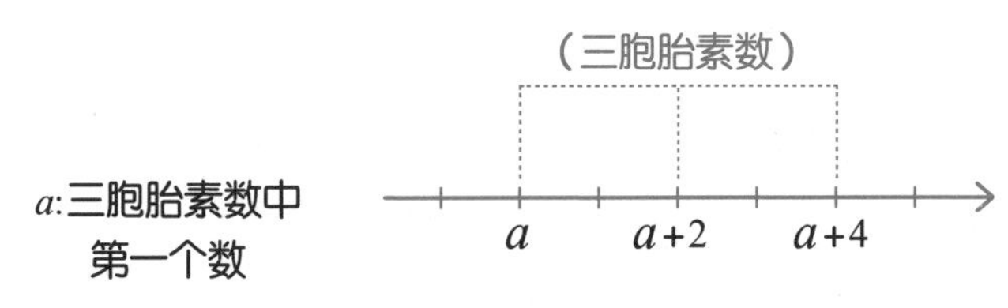

当$a=3k$时（可以被3整除）	$3k$	$3k+2$	$3k+4$
当$a=3k+1$时（被3除后余1）	$3k+1$	$3k+3$	$3k+5$
当$a=3k+2$时（被3除后余2）	$3k+2$	$3k+4$	$3k+6$

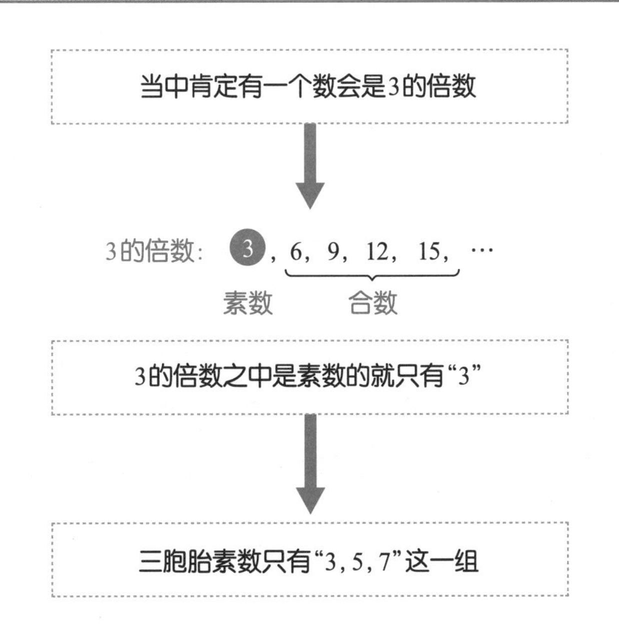

5 埃拉托色尼的素数筛选法

在这一小节，为大家介绍一下具体求素数的方法吧。

发现求素数最简单的方法的，应该是古希腊的数学家埃拉托色尼（公元前 275~公元前194 年）。他想出的方法叫作埃拉托色尼的素数筛选法。接下来就为大家解说一下埃拉托色尼的素数筛选法。

首先，我们把从 2 开始的自然数按顺序写出来，然后把“2”留下，而把像4、6、8这样所有相隔 2 个的数全部用斜线划去，这样除 2 以外的正的偶数就全部被排除了。

因为未被划掉的下一个数“3”是素数，所以我们把 3 留下，把从 3 开始的 6、9、12，这样所有相隔 3 个的数再排除掉。也就是说，排除除 3 以外的 3 的倍数的数。当然，即使是 3 的倍数，像 6 和 12 这样的偶数也早就被排除了，这里就不提了。

下一个剩下的数是“5”。5 也是素数。接下来同样地把 5 留下，把从 5 开始的相隔 3 个的数排除。也就是说，除了最开始的 5，个位数是 0 或 5 的数就全被排除了。其后剩下的数是“7”。7 也是素数，所以留下 7 并且把从 7 开始的相隔 7 个的数排除。

像这样用“筛子”来把素数一个一个筛选出来的方法就叫作埃拉托色尼的素数筛选法。这就是寻找素数既简单又稳定的方法，但是缺点是想要寻找数值很大的素数就有些捉襟见肘了。

■埃拉托色尼的素数筛选法

（1）把2留下，从2开始的相隔2个的数划去。
正的偶数全部被排除。

2 3 ~~4~~ 5 ~~6~~ 7 ~~8~~ 9 ~~10~~ …

（2）把3留下，从3开始的相隔3个的数划去。
3的倍数全部被排除。

2 3 ~~4~~ 5 ~~6~~ 7 ~~8~~ ~~9~~ ~~10~~ 11 ~~12~~ …

（3）把5留下，从5开始的相隔5个的数划去。
个位数是0或5的数就全部被排除。

2 3 ~~4~~ 5 ~~6~~ 7 ~~8~~ ~~9~~ ~~10~~ 11 ~~12~~ 13

~~14~~ ~~15~~ ~~16~~ 17 ~~18~~ 19 ~~20~~ …

（4）把7留下，从7开始的相隔7个的数划去。

2 3 ~~4~~ 5 ~~6~~ 7 ~~8~~ ~~9~~ ~~10~~ 11 ~~12~~ 13

~~14~~ ~~15~~ ~~16~~ 17 ~~18~~ 19 ~~20~~ ~~21~~ …

一直重复这个方法，就可以不断地求得素数了。

“能够推导素数的公式”并不存在

虽然埃拉托色尼的素数筛选法确实有效，但是这个方法容易让人捉襟见肘。那就没有更简单的素数的推导公式了吗？这个问题，**数学家们研究了几个世纪，却不停地失败**。

接下来就举一个有名的例子吧。

$n^2 - n + 41$

这个公式中，当$n=1$，2，3，…，40 为止都可以正确地得出素数，可惜的是当 $n=41$ 时：

$41^2 - 41 + 41 = 41^2$

这并不是素数。同样的还有：

$n^2 - 5n + 79$

也是当 $n = 79$时，得出的并不是素数。

那我们就来解说一下这些式子的“机构”吧。一般来说，我们先设定一个下列的多项式（其中，$z \neq 1$或-1）

$a \times n^N + b \times n^{N-1} + \cdots + y \times n + z$

若令$n=z$时，则各项都可以被z整除，那么由这些项组成的和的多项式也一定可以被z整除，也就不是素数了。所以说，像这样的多项式的情况，无论选 a，b，c，d，…哪一个整数，或者无论在后面再加多少项，当 $n=z$ 时产生的一定就不是素数。

再说详细一点，当 z 为 1 或者 -1 的时候，因为 1 并不是素数，所以这个想法也就不成立了。

■能够推导素数的公式并不存在

例1　n^2-n+41

直到n=40为止都可以得出素数，但是当n=41时得出的是合数。

n	1	2	3	4	5	6	7	8	9	10
	41	43	47	53	61	71	83	97	113	131
n	11	12	13	14	15	16	17	18	19	20
	151	173	197	223	251	281	313	347	383	421
n	21	22	23	24	25	26	27	28	29	30
	461	503	547	593	641	691	743	797	853	911
n	31	32	33	34	35	36	37	38	39	40
	971	1033	1097	1163	1231	1301	1373	1447	1523	1601

例2　n^2+n+41

这个也是直到$n=40$为止都可以得出素数，
令$n=41$代入以后可以得到：

$$41^2+41+41=41\times 43$$

这个是合数。

素数深不可测

7 “梅森数”是什么

人们虽然并没有发现可以轻易推导出素数的公式，但是却发现了**素数的几个可以用共通式子来表现的东西**。其中的代表就是**梅森数**。

数学家马林·梅森（1588~1647 年）对

$M_p = 2^p - 1$（p 是自然数）

这种形式的数，也就是梅森数很重视。特别是他认为**“当 p 为素数时，那么 M_p 也为素数”**。在这里，顺便列举一下到 $p=11$ 为止的情况：

$M_2 = 2^2 - 1 = 4 - 1 = 3$（素数）

$M_3 = 2^3 - 1 = 8 - 1 = 7$（素数）

$M_5 = 2^5 - 1 = 32 - 1 = 31$（素数）

$M_7 = 2^7 - 1 = 128 - 1 = 127$（素数）

$M_{11} = 2^{11} - 1 = 2048 - 1 = 2047$

就像这样，可是，$M_{11} = 2047$ 时的这个数并不是素数而是“23×89”的合数，由此可以看出“$M_p = \cdots$（p为素数）”**这并不是完美的素数推导公式**。因此，梅森数中的素数，又被专门称为**梅森素数**。此后，梅森在1644年继续主张：

$M_{67} = 2^{67} - 1$ 是素数。

对此，在之后的 250 多年里都没有人提出任何异议，因而被称为“神秘的猜想”，然而在 1903 年，哥伦比亚大学的弗兰克·尼尔森·科尔（1861~1926 年）在美国数学会大会的黑板上面，写下了：

$$2^{67}-1=147573952589676412927$$
$$=193707721\times761838257287$$

而这，则是神秘的猜想被打破的瞬间。

■梅森数的表

梅森数的表

梅森认为，当 p 为素数时，2^p-1 也为素数

p	2^p-1	p	2^p-1
1	1	11	$2047=23\cdot89$
2	3	12	$4095=3^2\cdot5\cdot7\cdot13$
3	7	13	8191
4	$15=3\cdot5$	14	$16383=3\cdot43\cdot127$
5	31	15	$32767=7\cdot31\cdot151$
6	$63=3^2\cdot7$	16	$65535=3\cdot5\cdot19\cdot257$
7	127	17	131071
8	$255=3\cdot5\cdot7$	18	$262143=3^2\cdot7\cdot19\cdot73$
9	$511=7\cdot73$	19	524287
10	$1023=3\cdot11\cdot31$	20	$1048575=3\cdot5^2\cdot11\cdot31\cdot41$

11 虽然是素数，但是 $2^{11}-1$ 却是合数。
2^p-1（p：素数）并不是完美的素数推导公式。

8 梅森素数是不是有无限多个呢

梅森曾在 1644 年，主张过对于数值小于257的 p 来说，2^p-1 形式的素数仅存在 11 个，因而吸引了当时数学家们的目光。然而事实上，他虽然提出了对于下列 11 个数值的 p 来说，2^p-1 必定是素数这个主张，但却并未能够证明。

p=2，3，5，7，13，19，31，67，127，257

而当 p=257 时得出的数有 78 位数，在当时那个没有计算机的时代，应该是很难判定其到底是不是素数的。

那么，2^p-1 的形式，曾经因为与**完全数**之间的关系，在欧几里得的时代也出现过。在梅森之前，就已经发现了当 p=19为止的 7 个梅森素数。

紧接着在 1772 年，如同梅森预言的一样，$2^{31}-1$ 为素数的这个猜想，由数学家论哈德·欧拉（1707~1783年）证明了。这是当时已知的最大的素数。其后在1876年，法国数学家卢卡斯证明出了 $2^{127}-1$ 是素数。

此后，通过调查当值等于 127 为止的素数 p 可以发现有 12 个梅森素数。卢卡苏发现的素数是第 12 个梅森素数。

p = 2，3，5，7，13，17，19，31，61，89，107，127

此后在 1952 年，p = 521 的第 13 个梅森素数被人们发现。通过这些发现可以判断，**梅森的猜想，在当 p = 67 和 p = 257 的时候并不成立。**

直至今天，人们还并不知道梅森素数到底是不是有无限个存在，目前发现的最大的梅森素数是当 $p = 77232917$ 时的数。这是在 2017 年 12 月 26 号被人们发现的。

■关于梅森素数的探索

由于并没有推导公式，所以寻找素数非常困难

素数	发现者	位数	发现年份
$2^{31}-1$	欧拉	10	1772
⋮	⋮	⋮	⋮
$2^{127}-1$	卢卡斯	39	1876
$2^{521}-1$	鲁滨逊	157	1952
$2^{607}-1$	鲁滨逊	183	1952
$2^{1279}-1$	鲁滨逊	386	1952
$2^{2203}-1$	鲁滨逊	664	1952
$2^{2281}-1$	鲁滨逊	687	1952
⋮	⋮	⋮	⋮
$2^{1257787}-1$	盖奇	378632	1996
$2^{1398269}-1$	GIMPS※	420921	1996
$2^{2976221}-1$	GIMPS	895932	1997
$2^{3021377}-1$	GIMPS	909526	1998
$2^{6972593}-1$	GIMPS	2098960	1999

※ 关于 GIMPS 的详情请参照下一小节。

从心底里爱着素数的人们

2^p-1 形式的数，对于用来寻找数值庞大的素数非常有效。像这样判定"2^p-1 形式的数是不是素数"，寻找数值庞大素数的集团就是GIMPS（The Great Internet Mersenne Prime Search）。

这个探索集团也就是类似"素数狂热者"一样的集团，是 1996 年由美国弗罗里达州的乔治·沃特曼一手促成的。自从进入 1990 年代以后，人们利用可以高速计算的超级计算机，发现了好几个梅森数。可是在当时，并不是谁都可以轻松地使用超级计算机。

于是，沃特曼就想到"如果能在互联网上一起合力寻找，那么人们即使是用普通电脑，似乎也可以发现梅森数"，最终促成了GIMPS的成立。

此后不久，在GIMPS成立后的 1996 年 11 月 13 日，其法国成员Joel Armengaud就发现了第 35 个梅森素数。其后，第36个由英国的Gordon Spence（1977年8月24日）、第 37 个由美国的Roland Clarkson（1998年1月27日）、第 38 个由美国的Nayan Hajratwala（1999年6月1日），一个接一个地发现了。直到我执笔写此书时，第 50个梅森素数，也被Jonathan Pace发现了（2017年12月26日）。

即使到了今天，加入了GIMPS的人们也还在不停地探索。我觉得他们仿佛就像是那些每晚盯着夜空，试图想要寻找彗星的人们。

■GIMPS的活动

GIMPS（The Great Internet Mersenne Prime Search）
的意思是，通过网络搜索来寻找数值庞大的梅森素数的集团

梅森素数 = 2^p-1形式的素数（p是素数）

让我们看看GIMPS最近的成果吧

发现年月日	发现者	梅森素数
2009年6月4日	GIMPS/ Odd M. Strindmo	$2^{42643801}-1$
2008年8月23日	GIMPS/ Edson Smith	$2^{43112609}-1$
2013年1月25日	GIMPS/ Curtis Cooper	$2^{57885161}-1$
2016年1月7日	GIMPS/ Curtis Cooper	$2^{74207281}-1$
2017年12月26日	GIMPS/ Jon Pace	$2^{77232917}-1$

关于梅森素数、GIMPS的最新情报，请参照以下链接

↓

GIMPS https://www.mersenne.org

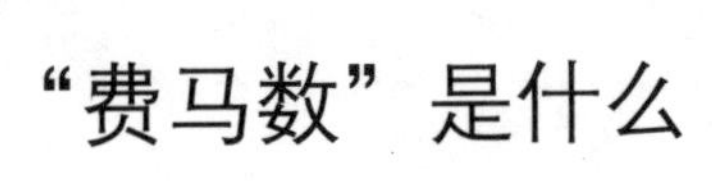

10 “费马数”是什么

除了梅森数以外，还有几种表示素数的共同的公式。**费马数**也是其中一种（虽然以后人的目光来看，它并不算是一个很好的公式……）。法国数学家皮埃尔·德·费马（1601~1665年）曾经猜想，把 n 等于 1、2、3、…代入

$$F_n = 2^{2^n}+1$$

之中，得出来的数仅为素数。这就是我们说的费马数。到 $n=5$为止的费马数如**右页**所示。

然而，在费马提出猜想的大约 100 年以后，前面提到的欧拉就证明出了“第 5 个费马数能够被‘641’整除，因而不是素数”。所以说，这个猜想是错误的。因此，费马公式也**并不是完美的素数推导公式**。

其后，随着计算机时代的到来，人们在进行许多数值庞大的数是否为费马数判定时，发现了这个“公式”，不仅不是素数推导公式，倒不如说是完全相反，**在判定的费马数当中，大于F_4的数，全部都是合数**。

到了今天，这个费马的猜想被证明已经变成了“当 n 大于 4，产生的费马数全部为合数”这样一个可悲的“合数推导公式（？）”。即使借用最先端的电脑之力，也无法确认无穷无尽的数，所以**最后还是只能用数学方法来证明**。

■费马数的悲剧

费马数 $F_n = 2^{2^n} + 1 \ (n = 1, 2, 3, \cdots)$

当n=1时 $F_1 = 2^2 + 1 = 5$ ……（素数）

当n=2时 $F_2 = 2^{2^2} + 1 = 17$ ……（素数）

当n=3时 $F_3 = 2^{2^3} + 1 = 257$ ……（素数）

当n=4时 $F_4 = 2^{2^4} + 1 = 65537$ ……（素数）

当n=5时 $F_5 = 2^{2^5} + 1 = 2^{32} + 1$

$= 4294967297$

$= 641 \times 6700417$ ……（合数）

当$n=6$以后，所得出的F_n均为合数，
所以费马的猜想从

对于所有的$n \geqslant 1$而言，F_n都是素数

对于所有的$n > 4$而言，F_n都是合数

如此戏剧般的，最后的结论与费马的初衷完全相反

11 “哥德巴赫猜想”是什么

读完第3章，对于大家来说，这一章可能已经结束了，但是关于素数的**未解之谜还堆积如山**。在这一小节，就介绍一下数学家克里斯蒂安·哥德巴赫（1690~1764年）带给大家的意味深长的问题吧，也就是被人们称为哥德巴赫猜想的，“任意一个大于等于4的偶数都可以写成2个素数之和”的猜想。

如果是第一次听说这个猜想的人，可能都会认为“这怎么可能……”。那我们就来实际看看几个比 4 大的偶数吧（哥德巴赫分解）。

$6=3+3$，$8=3+5$，$10=3+7$，

$12=5+7$，$14=3+11$，$16=3+13$

看上去确实可以成立。但是，其实这个猜想的问题非常棘手，**至今仍未在数学上被证明**。

并且，右边的素数之和，当然还有不止一对的情况。就上述的例子，对于 14 和 16 等的偶数来说，可能会像下面列举的那样，还有其他的表现形式。

$14=3+11=7+7$，$16=3+13=5+11$

实际上，随着偶数的值越来越大，由 2 个不同的素数之和的组成形式一般也就会越多。但是，在这里举一个有意思的例子，像“48”这样并不算很大的数字，却有以下 5 种组成方式：

48 = 5 + 42 = 7 + 41 = 11 + 37 = 17 + 31 = 19 + 29

关于这个猜想的正确性，人们已经使用计算机，检验到了数值非常大的数字，目前还没有发现任何一例意外。

■哥德巴赫猜想

任意一个大于等于4的
偶数都可以写成2个素数之和

• 哥德巴赫分解（其中一例）

偶数	哥德巴赫分解	偶数	哥德巴赫分解
18	5 + 13	30	13 + 17
20	7 + 13	32	13 + 19
22	11 + 11	34	11 + 23
24	7 + 17	36	7 + 29
26	13 + 13	38	19 + 19
28	11 + 17	40	17 + 23

关于这个猜想，人们为了确认其正确性，虽然已经使用计算机检验到了数值非常大的数字，并将其分解成功了，但是想要确认无穷无尽个偶数，即使是计算机也无法做到

↑

到目前为止，
也只有实际用将数值分解的办法来检验
而未被成功证明，
所以其并不是“定理”而是“猜想”

12 一些奇奇怪怪的素数们

就像到目前为止向大家说明的一样，素数真的是一种不可思议的数。在这一小节，我们换个角度给大家介绍一些**有趣的素数**。

第一个是**回文素数**。这个数指的是，像回文数的“西红柿（Tomato）”和“竹林着火啦[1]”这样，**不论从左边还是从右边看都是同一个数的素数**。典型的数有 151 和 727 。

第二个是**反素数**。这个指的是，将其逆向排列后也还是素数的数组。顺便说一下，这个反素数的英文拼写是“emirp”，就是把素数（prime number）的“prime”给反过来了。有

（13，31）（17，71）（37，73）（79，97）

这样的例子。2 位数的反素数只有上述 4 组存在，3 位数的则有 13 组，4 位数的甚至达到了 102 组。反素数的个数似乎是随着位数的增加而增加的。

最后，我们来看一看“73939133”这个素数。这个素数具有非常有趣的性质。73939133，**即使依次去掉右边的最后一位数字，剩下的数也全都是素数**。

73939133，7393913，739391，73939，7393，739，73，7

像这种类型的数，我们称为**俄罗斯套娃素数**。生成俄罗斯套娃素数这样特别的数列当中最大的数（上述的

---

[1] 在日语中为回文发音。——译者注

73939133），则被我们称为**生成数**。

在本身就不可思议的素数当中，居然还有着这么多拥有更加不可思议性质的素数存在，实乃其乐无穷也。

■“俄罗斯套娃素数”的生成数只有27个

①	53	⑧	7331	⑮	373393	㉒	7393933
②	317	⑨	23333	⑯	593993	㉓	23399339
③	599	⑩	23339	⑰	719333	㉔	29399999
④	797	⑪	31193	⑱	739397	㉕	37337999
⑤	2393	⑫	31379	⑲	739399	㉖	59393339
⑥	3793	⑬	37397	⑳	2399333	㉗	73939133
⑦	3797	⑭	73331	㉑	7393931		

大于73939133的
“俄罗斯套娃素数”不存在

顺便说一下，如果不是去掉右边的数字而是
去掉左边的数字这种方法的话，最大的俄罗斯
套娃素数是“357686312646216567629137”

Column 3

“仅由 1 组成”的素数寥寥无几

让我们来找一找类似 11 和 111 这样仅由“1”组成的素数吧。首先由2个1组成的“11”当然是素数，其次“111”可以分解成 3×37，所以不是素数。1111 也可以分解成 11×101，所以也不是素数。同样地，11111 可以分解成 41×271，也不是素数。

那么，“仅由 1 组成”的数当中，11 之后最小的素数到底是多少呢？如果有人已经开始拿出计算机来计算的话，那么很遗憾地告诉你还是不要这么做比较聪明。原因是**下一个素数是由 19 个 1 组成的数**。更令人吃惊的是，如果我们查到由 1000 个 1 组成的数为止会发现，其中的素数除了由 2 个 1 组成的 11、19 个 1 组成数以外，只有 23 个 1 和 317 个 1这样 2 个数。

11 ························ 素数

$111=3\times37$ ················· 不是素数

$1111=11\times101$ ·············· 不是素数

$11111=41\times271$ ············· 不是素数

⋮

$\underbrace{11\cdots\cdots111111}_{18个} = 3^2\times7\times11\times13\times19\times52579\times333667$

$\underbrace{11\cdots\cdots111111}_{19个}$ ·············· 素数

$\underbrace{11\cdots\cdots111111}_{23个}$ ·············· 素数

$\underbrace{11\cdots\cdots111111}_{317个}$ ·············· 素数

第4章

由“约数”引申而来的各种各样的数

在这一章，继上一章素数之后，再为大家介绍其他各种各样的数。这一章节其实就像是数之荟萃一样。具体来说，即将为大家解说的有：完全数、不足数、丰沛数、亲和数、交际数还有如同它们名字一般的拥有不可思议性质的不可思议数。

1 “不足数”是什么

在第3章，我们具体了解了素数。素数的定义是：约数为“1”或“其本身”的数。在第4章，就让我们来看看拥有这个约数的更多其他的数吧。

排在最前的就是**不足数**。

不足数的定义是：**将这个数的约数全部相加，数值比其本身要小（不足）的数**。像**右页**这样，从 1 看到 12 就可以发现，除了 6 和 12 以外，全部都是不足数。其实，**大部分数都属于不足数**。在之后，我就将这个数的约数全部相加简称为**约数之和**了。

参看**右页**便可得知，对于所有的素数来说，其和都为“1”。也就是说，“所有素数都是不足数”。所以说，不论一个数的数值有多大，只要它是素数，那么它就是不足数。

而且，由于素数是无限存在的，所以不足数也同样是无限存在的。

那么，再深入地研究一下**右页的图**吧。“6”这个数字的约数之和，等于“6”本身。再来看“12”，它的约数之和比本身“12”还大，为“16”。

像这样，约数之和等于其本身的数，还有约数之和大于其本身的数，我们又称其为什么呢？不要着急，下一小节再讲解吧。

■"不足"的数有很多

• 不足数的例子（1~12）

数	约数之和	特征
1	0	1 不是素数→不足数
2	1	素数→不足数
3	1	素数→不足数
4	1 + 2 = 3	不足数
5	1	素数→不足数
6	1 + 2 + 3 = 6	等于其本身
7	1	素数→不足数
8	1 + 2 + 4 = 7	不足数
9	1 + 3 = 4	不足数
10	1 + 2 + 5 = 8	不足数
11	1	素数→不足数
12	1 + 2 + 3 + 4 + 6 = 16	大于其本身

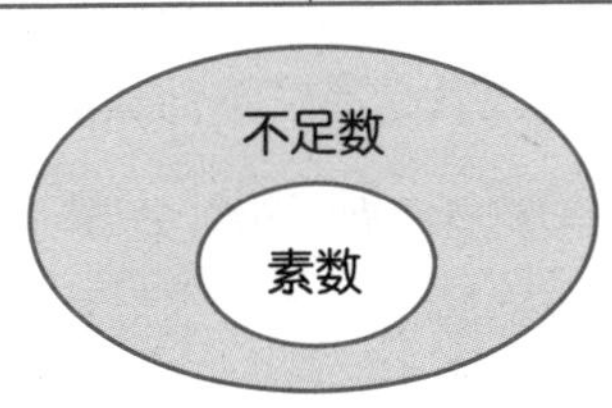

素数由于其约数之和为"1"，所以是不足数

由于素数是无限存在的，
所以不足数也是无限存在的

2 “丰沛数”是什么

“12”的约数之和为“1 + 2 + 3 + 4 + 6 = 16”，比其数字本身要大。像这样的数，和不足数相反，我们称为**丰沛数**。

排在 12 之后的丰沛数有 18、20、24、30、36、…。

参看**右页**就可以知道，它们确实是丰沛数。

从 12、18、20、…来看，似乎并没有不足数的数量多，但其实有很多。实际上，100 以内就有 21 个丰沛数存在，而且它们全部都是偶数。这么来说的话，是不是可以认为“所有的丰沛数都是偶数呢”？

关于这个疑问的答案是“NO”。奇数的丰沛数也存在，最小的数是“945”。945 的约数之和为“975”，很明显是丰沛数。

虽然说奇数的丰沛数相对来说比较少见，但是比这大的肯定还有很多。原因就是有“丰沛数的倍数也全都是丰沛数”这样一个法则的存在。所以说，只要将 945 乘以奇数，就可以得到奇数的丰沛数了。下一个奇数的丰沛数是：

945 × 3 = 2835

很显然，由于奇数是无限存在的，所以**奇数的丰沛数也是无限存在的**。同理，偶数的丰沛数乘以偶数得到的也会是偶数的丰沛数，由此可以推出偶数的丰沛数也是无限存在的。

■丰沛数的倍数也是丰沛数

丰沛数的例子

约数之和

18 ⟶ 1 + 2 + 3 + 6 + 9 = 21（>18）

20 ⟶ 1 + 2 + 4 + 5 +10 = 22（>20）

24 ⟶ 1 + 2 + 3 + 4 + 6 + 8 + 12 = 36（>24）

奇数的丰沛数 ➡ 最小的数是945

945的约数之和

= 1 + 3 + 5 + 7 + 9 + 15 + 21 + 27 + 35 + 45 + 63 + 105

+ 135 + 189 + 315 = 975（>945）

丰沛数的倍数

〈例〉

以丰沛数“12”的3倍“36”为例。

12　　1 + 2 + 3 + 4 + 6 = 16（>12）

↓× 3　　↓× 3　↓× 3　↓× 3　↓× 3　↓× 3

36　　1 + 2 + 3 + 4 + 6 + 9 + 12 + 18 = 55（>36）

“12的约数的3倍全部都包含在36的约数之内”

36也是丰沛数

一般来说，丰沛数的倍数也是丰沛数

“完全数”是什么

到目前为止，解说的是约数之和比其数字本身要小的不足数，和比其数字本身要大的丰沛数。接下来就给大家介绍一下约数之和正好等于其数字本身的**完全数**吧。

完全数和不足数与充沛数相比，**是极其罕见的存在**。在这里列举一下几个完全数：

6，28，496，8128，33550336，…

像这样，数之间的间隔越来越大，寻找完全数是一件非常辛苦的事情，所以从第5个完全数8128到下一个完全数33550336的发现，竟然花了大约1700年，这件事也不是不能理解了。

古希腊人在发现33550336之前，曾经有过这样的疑问：“现有的4个完全数（6，28，496，8128）全都是偶数，那么奇数的完全数是不是不存在呢？”至今为止，人们已经发现了50个完全数，它们也全都是偶数。古希腊人关于“**有没有奇数的完全数**”的疑问，**现在也是人们正在研究的课题**。

而每当有新的梅森素数 2^p-1 被人们发现时，只要将这个数乘以 2^p-1，就可以得到一个新的偶数的完全数（关于这个会在第4章做具体说明）。而且人们也得知，偶数的完全数只有这一种，所以由现在已知的最大的梅森素数 $2^{77232917}-1$，可以得出第50个完全数：

$$(2^{77232917}-1)\times 2^{7723277-1}$$

■完全数是怎样一种数

数	约数之和
6	1 + 2 + 3 = 6
28	1 + 2 + 4 + 7 + 14 = 28
496	1 + 2 + 4 + 8 + 16 + 31 + 62 + 124 + 248 = 496
8128	1 + 2 + 4 + 8 + 16 + 32 + 64 + 127 + 254 + 508 + 1016 + 2032 + 4064 = 8128

像这样，约数之和等于其本身的就是完全数！

让我们整理一下到目前为止出现过的数

不足数（非素数）	不足数（素数）	完全数	充沛数
1,4,8,9,…	2,3,5,7,…	6,28,496,…	12,18,20,24,30,…

4 有没有“是奇数的完全数”

关于完全数，人们不禁产生了疑问，它是不是也和自然数与素数一样，“是无限存在的呢”？遗憾的是，到目前为止也没有人知道这个问题的答案。完美的**完全数推导公式**是由欧几里得发现的。这是一件非常令人惊讶的事。欧几里得曾经在《原论》当中证明出了：

“如果 2^p-1 是素数，那么 $2^{p-1}\times(2^p-1)$ 形式的数则一定是完全数。”

然而，虽然说如果 2^p-1 是素数的话，p 肯定是素数，但是即使 p 是素数也无法保证 2^p-1 一定是素数。一定要注意这一点。比如说，当 $p=11$（素数）时，$2^p-1=2047=23\times89$，不是素数而是合数。

但是，并不是说“所有完全数一定都是这种形式”，这仅仅是**目前已知所有的完全数的形式**。比如说，我们再看得具体一点：

$$6=2^1\times(2^2-1)\qquad p=2$$

$$28=2^2\times(2^3-1)\qquad p=3$$

$$496=2^4\times(2^5-1)\qquad p=5$$

$$8128=2^6\times(2^7-1)\qquad p=7$$

$$33550336=2^{12}\times(2^{13}-1)\qquad p=13$$

此外，欧拉还证明了“如果存在一个偶数的完全数，那么这个数一定是以欧几里得的形式（上述）存在的”。

事实上，人们使用计算机调查发现，一直到数值非常庞大的数为止也**并不存在奇数的完全数**。然而，由于**还是有可能存在奇数的完全数，所以并不能否定其存在**。可以肯定的是，一旦奇数的完全数被发现了，一定会成为数学界的重大新闻。

■欧几里得的主张

2^p-1 **是素数** ➡ $2^{p-1}\times(2^p-1)$ **是完全数**

- 以496为例来看

$$496=2^4\times(2^5-1)=2^4\times 31$$ → 素数（31）

$$\text{约数之和}=1+2^1+2^2+2^3+2^4+1\times31+2\times31+2^2\times31+2^3\times31$$
$$=1+2+4+8+16+31+62+124+248=496$$

- 以一般的 p 来看，如果 2^p-1 是素数，
 那么 $2^{p-1}\times(2^p-1)$ 的约数之和为

$$=\underbrace{1+2+\cdots+2^{p-1}}+\underbrace{(2^p-1)+2(2^p-1)+2^{p-2}(2^p-1)}$$

→ 分别使用“等比数列之和的公式”计算的话

$$=\frac{2^p-1}{2-1}+\frac{2^{p-1}-1}{2-1}\times(2^p-1)$$

$$=2^{p-1}\times(2^p-1)$$

➡ 完全数

※使用了以下的“等比数列之和公式”

$$1+a+a^2+\cdots+a^n=\frac{a^{n+1}-1}{a-1}\ (a\neq1)$$

“亲和数”是什么

当我们把目光集中到**约数之和**的时候，就可以发现其他的一些具有有趣特征的数。**亲和数**就是其中之一。比如说，有 a 和 b 两个数，当 a 的约数之和为 b，b 的约数之和为 a 的时候，我们就称这两个数为**亲和数（对）**。

亲和数是很稀少的存在，古希腊人仅仅发现了（220，284）这样一组。

第二组亲和数是在1636年，由前文提到的费马发现的，即为：

（17296，18416）

在这里说的第 2 组，并不是“数值第二小”的意思，仅仅代表的是被人们发现的顺序。

“数值第二小”的一组是在 1867 年被发现的，是由当时仅仅 16 岁的意大利籍学生尼科罗 · 帕格尼尼发现的。这组数对就是（1184，1210）。数值较大的数对居然先被人们发现，这也算是不可思议的事情了。

第 3 组亲和数是由那位有名的“我思故我在”的法国哲学家兼数学家的勒内 · 笛卡尔于 1638 年公布的（9363584，9437056）。

此后，伟大的欧拉在 1747 年至 1750 年间连续发现了 59 组。其中最小的一组是：

$2620 = 2^2\times5\times131$，$2924 = 2^2\times17\times43$

直至 19 世纪结束，在人们一共发现的 66 组亲和数当中，有 59 组都是欧拉一人发现的，简直就是惊为天人。

■亲和数是什么

亲和数也被称为友爱数、亲爱数、友数等

N的约数之和 $= M$

M的约数之和 $= N$

→ M和N互为亲和数

〈例〉以220、284为例来看

220 $= 2^2 \times 5 \times 11$（素因数分解）

约数之和 $= 1+2+4+5+10+11+20+22+44+55+110 =$ 284

284 $= 2^2 \times 71$（素因数分解）

约数之和 $= 1+2+4+71+142 =$ 220

至今为止，人们发现了大约1000组亲和数

6 好不容易被发现的“亲和数对”

在上一小节中介绍了，16 岁的少年帕格尼尼于 1867 年发表了除了在 2500 多年以前人们发现的最初的一对亲和数（220，284）以外，比当时已知的所有亲和数对都要小的亲和数的数对：

$1184=2^5\times37$（素因数分解）

约数之和 $=1+2+4+8+16+32+37+74+148+296+592=1210$

$1210=2\times5\times11^2$（素因数分解）

约数之和 $=1+2+5+10+11+22+55+110+121+242+605=1184$

不知这一数对是用什么方法逃过伟大的欧拉的探索的，而现今的人们使用计算机探求出了 1 亿以内所有的**亲和数对**。所以，像帕格尼尼一样热心的业余爱好者们再也没有机会发现类似这种有可能被人们遗漏的数对了。

直至 1939 年 B.H.布朗发表（12285，14595）的数对为止，一共有 389 组数对被人们发现，其中甚至有几个是 10^{24} 级别的数对。

然而，令人不可置信的是，居然有一组 100 万级别以下的数对逃过了人们的探索。直到 1966 年人们使用计算机对 100 万以内的所有数进行地毯式搜索时才首次被发现，这一组“最后才姗姗来迟”的数对，如下：

$79750=2\times5^3\times11\times29$，$88730=2\times5\times19\times467$

现如今人们发现的亲和数对里，100 万以下的较小数值里一共有 42 组，1000 万以下一共有 108 组，1 亿以下一共有 236 组。可是，**亲和数对到底是否是无限存在的，至今为止还未被人成功证明。**

■具有代表性的亲和数对

亲和数对		发现者	发现年份
220	284	毕达哥拉斯	公元前540年
1184	1210	帕格尼尼	1867年
2620	2924	欧拉	1747年
5020	5564	欧拉	1747年
6232	6368	欧拉	1747年
10744	10856	欧拉	1747年
12285	14595	布朗	1939年
17296	18416	费马	1636年
63020	76084	欧拉	1747年
66928	66992	欧拉	1747年
67095	71145	欧拉	1747年
69615	87633	欧拉	1747年
79750	88730	Alanen计算机	1966年
100485	124155	欧拉	1747年
122265	139815	欧拉	1747年

亲和数同素数不同，并不是最大=最新。发现它们的顺序也各不相同。此外，高中生帕格尼尼竟然找到了欧拉都没有发现的（1184，1210），这也是数学史上不可思议的一件事。

7 关于亲和数的“猜想”

关于亲和数，有迟迟未能被人们发现的数值小的数对，还有逃过了大数学家的搜索却被16岁的少年发现的这样有趣的事情。在这一小节，就来为大家介绍几个**关于亲和数的猜想吧**。

①亲和数是有无限个存在的。

②亲和数对，要么同为偶数，要么同为奇数。

③所有奇数的亲和数都能被3整除。

④所有的亲和数对都有除1以外的公约数。

如果②和③是正确的话，那么偶数的亲和数对一定可以被 2 整除，奇数的亲和数对也可以被 3 整除，自然而然，④也就是正确的了。

对于其他的亲和数，也有着如果其趋近于无穷大，那么“数对的2个数之比（M/N）则会无限趋近于 1”这样的猜想。然而，这是基于亲和数有无限个存在这个假设的基础上猜想的。

此外，大多数的亲和数对还有着“数对的 2 个数之和可以被9整除”的特征。比如说，我们来看看（220，284）这组最小的数对，它们的和是 220+284 = 504，除以 9 等于 56，确实可以被整除。但是遗憾的是，人们已经发现了例外，（12285，14595）这一组数对，它们的和是 26880，除以 9 等于 2986.666…，并不能被整除。

现如今的人们，可以很轻易地使用高性能的计算机，所以今后肯定也会有越来越多五花八门的猜想和特征被人们发现吧。

■亲和数的特征

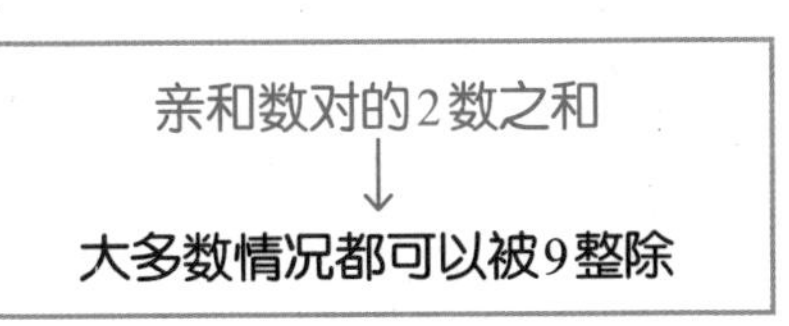

M	N	$\frac{M+N}{9}$
220	284	56
1184	1210	266
2620	2924	616
5020	5564	1176
6232	6368	1400
10744	10856	2400
12285	14595	2986.666⋯
17296	18416	3968
⋮	⋮	⋮
726104	796696	169200
802725	863835	185173.333⋯
879712	901424	197904
898216	980984	208800

在最初的40组里面，
不能被整除的只有上面的2组

8 “交际数”是什么

亲和数的定义是“一个数的约数之和与另一个数相等”，那么我们把这个定义稍微扩展（一般化）一下，看看是否存在 **3 个以上的数的组合**吧。我们称这样的数组为**交际数**。

首先，我们先假设一个 3 个数的组合 L、M、N，然后想一想是否存在 L **的约数之和等于** M，M **的约数之和等于** N，N **的约数之和等于** L 这样的情况存在。虽然至今为止，人们还未发现像这样具有“交际性”的 3 个数的组合，但是也没有人能够证明其“不存在”。而由 4 个数组合而成的交际数当中，包含最小的数如下：

1264460，1547860，1727636，1305184

直至 2018 年，一共有 171 组交际数被人们发现，其中 161 组都是由 **4个数组成的交际数**。剩下的 10 组当中，由 6个数组成的交际数有 5 组，8 个数组成的有 2 组，最后，5 个数组成的、9 个数组成的、28 个数组成的交际数各 1 组。

由 5 个数组成的交际数是：

12496，14288，15472，14536，14264

关于交际数，最不可思议的事情就是像前文说的那样，**至今为止还未有人发现由 3 个数组成的交际数**了吧。

■由5个数组成的交际数

我们来具体确认一下就可以发现，
下面的5个数确实是“交际数”

① $12496 = 2^4 \times 11 \times 71$（素因数分解）

约数之和 $= 1+2+4+8+16+11+22+44+88+176+71+142+284+568+1136+781+1562+3124+6248 = 14288$

② $14288 = 2^4 \times 19 \times 47$（素因数分解）

约数之和 $= 1+2+4+8+16+19+38+76+152+304+47+94+188+376+752+893+1786+3572+7144 = 15472$

③ $15472 = 2^4 \times 967$（素因数分解）

约数之和 $= 1+2+4+8+16+967+1934+3868+7736 = 14536$

④ $14536 = 2^3 \times 23 \times 79$（素因数分解）

约数之和 $= 1+2+4+8+23+46+92+184+79+158+316+632+1817+3634+7268 = 14264$

⑤ $14264 = 2^3 \times 1783$（素因数分解）

约数之和 $= 1+2+4+8+1783+3566+7132 = 12496$

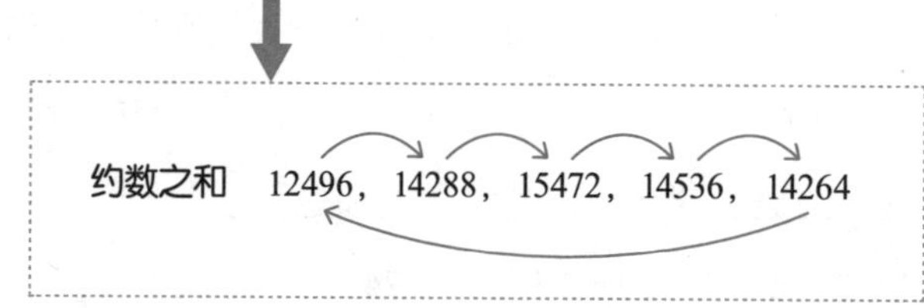

9 “奇异数（数论）”是什么

在第 4 章第 2 小节为大家讲解过，像“12”这样约数之和大于其本身的数，我们称为丰沛数。比如说，12 的约数之和为：

1 + 2 + 3 + 4 + 6 = 16

在这里，如果我们不取所有的约数，只取其中的“2”“4”“6”来计算其和的话，就会变成：

2 + 4 + 6 = 12

这与原来的数相等。或者是这样：

1 + 2 + 3 + 6 = 12

也与原来的数相等。“30”这个数也一样，约数之和为：

1 + 2 + 3 + 5 + 6 + 10 + 15 = 42

30是充沛数。如果取其中的一部分来计算其和，如：

5 + 10 + 15 + 30

对绝大部分的充沛数来说，都具有其**一部分约数之和等于其数值本身**这样的性质。

反之，不具备这样性质的充沛数，我们则称为**奇异数**。事实上，小于 1000 的奇异数只有 2 个。所有的奇异数当中，最小的数是“70”，其约数之和是：

1 + 2 + 5 + 7 + 10 + 14 + 35 = 74

这是充沛数，但是你有没有注意到其约束当中并没有可以生成 4（70 和 74 的差）的组合？也就是说没有能够生成等于 70 的组合。

此外，现在人们发现的奇异数全都是偶数，还未发现过奇数的奇异数。而人们也得知奇异数是有无限个存在的。

■奇异数是充沛数的例外

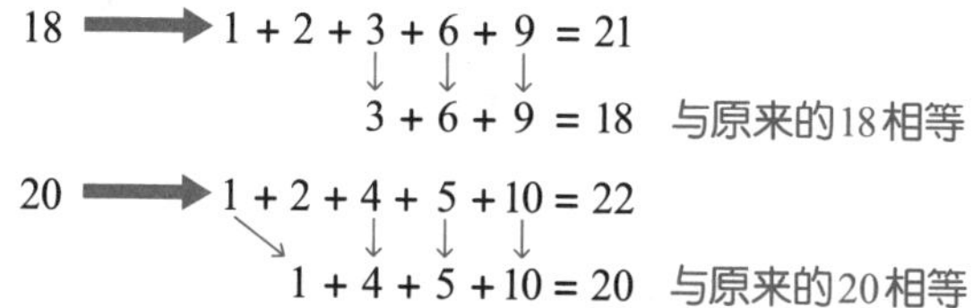

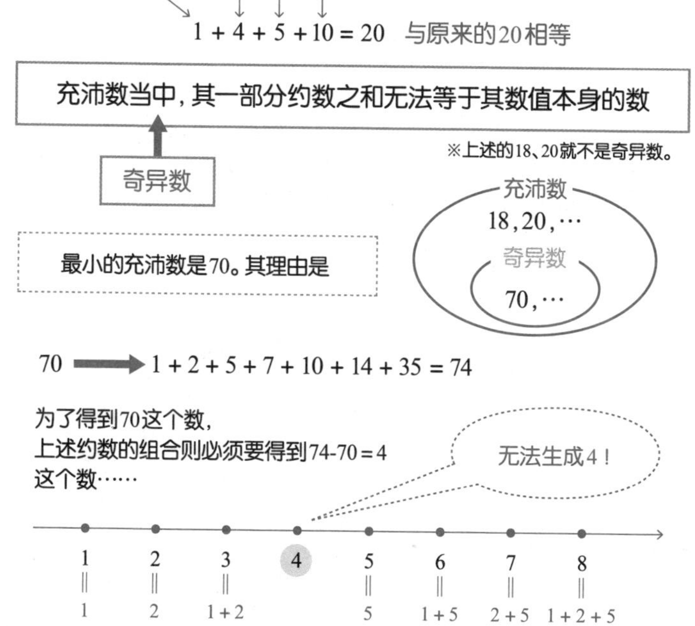

Column

4 至今仍未被证明出来的“$3x+1$ 问题”是什么

数学界有一个明明看上去很容易就能够理解，但是却至今仍未被证明出来的有名的难题，那就是$3x+1$问题。

首先，如果一个数是偶数，则将其除以 2，如果是奇数，则将其乘以 3 之后再加 1，所以人们称其为 $3x+1$ 问题。

而“如果一直重复上述的计算，那么不论是从什么自然数开始进行的，最终的结果是不是始终会等于 1”？这就是有名的 $3x+1$ 问题。

我们就以3为例子开始计算吧，那么就得到“3→10→5→16→8→4→2→1”，这样一来，最后的值确实等于 1。

现如今，人们已经运用计算机来检测过数值庞大的数，却还并未发现“最终结果不等于 1”的例子，然而也未有人成功证明“这个主张是正确的”。

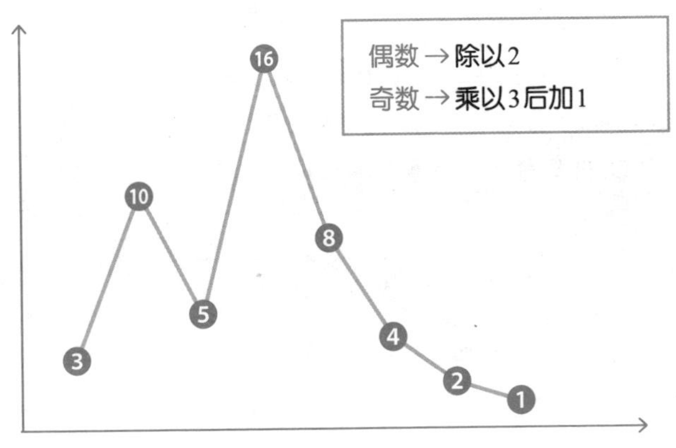

$3x+1$问题

第5章

图形和数相结合的“图形数”

在这一章，让我们换一个角度来看看数吧。具体来说，是来看看像三角形一样与图形有关的数。首先解说三角形数、四角形数、五角形数、六角形数、正四面体数，其次是平方数和立方数，然后会涉及一些与之相关的猜想。

1 “三角形数”是什么

第5章的“主角”**形数**，与我们之前提到的数有些许不同，它是**有着图形概念背景的数**。

毕达哥拉斯（公元前572？~公元前492年）等古希腊的数学家们，极为重视在一个平面上或者空间内，按照一定的规则对应的点组成的数。

在这些图形当中，最简单的就是以正三角形为基准得出的数。

像**右页**这样，通过数组成正三角形需要的点的个数可以得到：

1，3，6，10，15，21，28，36，45，55，66，…

像这样的数，我们就称为**三角形数**。三角形数是由从1开始的自然数依次逐渐叠加组成的。

也就是像这样：

$$1 = 1$$

$$1 + 2 = 3$$

$$1 + 2 + 3 = 6$$

$$1 + 2 + 3 + 4 = 10$$

$$1 + 2 + 3 + 4 + 5 = 15$$

这个形状也是一个三角形。

将三角形数图形的点，像**右页**一样分割之后是不是更容易理解了呢？就像这样，我们在考虑形数的时候，如果能够在脑海里**浮现出图形的话**，会更加有助于我们理解。

■图形和数相结合的“形数”

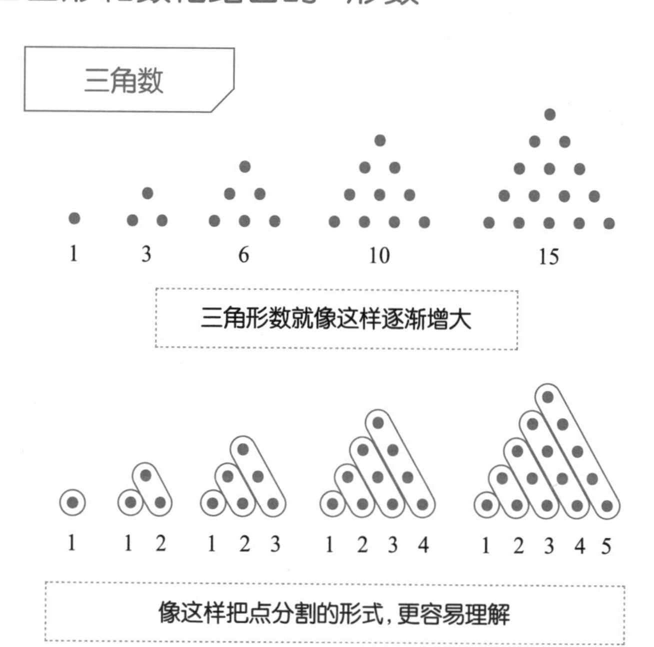

$$1 = 1$$

$$1 + 2 = 3$$

$$1 + 2 + 3 = 6$$

$$1 + 2 + 3 + 4 = 10$$

$$1 + 2 + 3 + 4 + 5 = 15$$

⋮

三角形数如此这般，往下继续

$S_n=\frac{n(n+1)}{2}$

2 推导三角形数的公式

三角形数，是将自然数依次逐渐叠加得到的，对于第 n 个三角形数 S_n 来说，一般用下列式子来表示：

$$S_n=1+2+3+\cdots+(n-2)+(n-1)+n \quad ①$$

那么，让我们来想一想如何使上述的式子变得更加简单。现在我们把 S_n 的前后对调一下，可以将其写成：

$$S_n=n+(n-1)+(n-2)+\cdots+3+2+1 \quad ②$$

再将①和②相加可以得出：

$$\begin{array}{rcccccccccccc} S_n= & 1 & + & 2 & + & 3 & +\cdots+ & (n-2) & + & (n-1) & + & n \\ +S_n= & n & + & (n-1) & + & (n-2) & +\cdots+ & 3 & + & 2 & + & 1 \\ \hline 2S_n= & (n+1) & + & (n+1) & + & (n+1) & +\cdots+ & (n+1) & + & (n+1) & + & (n+1) \end{array}$$

像这样，我们可以知道，所有的项都变成了 $n+1$。因为这项数有 n 个，所以可以得出：

$$2S_n=(n+1)\times n$$

于是就可以得出接下来的公式：

$$S_n=\frac{n(n+1)}{2}$$

这个如果以图形的形式来看也很容易理解（参照右页）。比如说，从1到100的和可以这样求：

$$S_n=1+2+3+\cdots+100=\frac{100\times(100+1)}{2}=5050$$

大数学家高斯就曾经在上小学的时候，使用了这个方法迅速求出了从 1 到 40 的和（也有说是“40”以外的数字的说法），使得以为“这个计算会耗费大量时间”的人大吃一惊而被传为佳话。

■推导三角形数的公式

$$S_n = \frac{n(n+1)}{2}$$

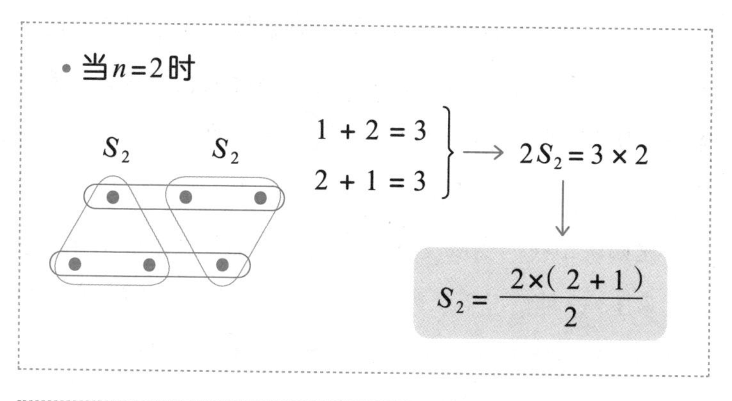

• 当$n=3$时

S_3　S_3

$1+3=4$

$2+2=4$

$3+1=4$

$\rightarrow 2S_3=4\times 3$

$$S_3=\frac{3\times(3+1)}{2}$$

$C_2^2=1$，$C_3^2=3$，$C_4^2=6$，…

3 在组合中登场的三角形数

三角形数经常会在不经意的时候出现。

$1 = 1$

$1 + 2 = 3$

$1 + 2 + 3 = 6$

它不仅仅是像这样将自然数一直相加下去，组成点的金字塔的数。三角形数除了上述以外，还可以表示**从某个集合当中取出的2个元素的组合数**。此时取出的顺序可以是任意的。接下来就参照右页来一起分析一下吧。

比如说，我们要从仅有 2 个元素的集合当中取出元素 A 和元素B。这种情况下，就仅是直接把元素A和元素B从中取出这样一种方法而已。这个“1”就是最初的三角形数。

其次，我们假定要从一个由元素A、元素B、元素C组成的集合当中取出 2 个元素。这种情况则有AB、BC、AC这样 3 种方法。

接下来如果是从由元素A、元素B、元素C、元素D组成的集合当中取出 2 个元素时，则有AB、AC、AD、BC、BD、CD这样 6 种方法。如此一来，**从某个集合当中取出的 2 个元素的组合数**组成的数列，就是三角形数。

在这里再给大家讲解一下**组合**吧。我们把“**从 m 个元素当中取出n个元素**”表示为“C_m^n”。“C”代表的是组合的英语单词combination的首字母。

如果使用这种书写方式，那么上述的数列则还可以表示为：

$C_2^2=1$，$C_3^2=3$，$C_4^2=6$，$C_5^2=10$，…

■在组合当中登场的“三角形数”

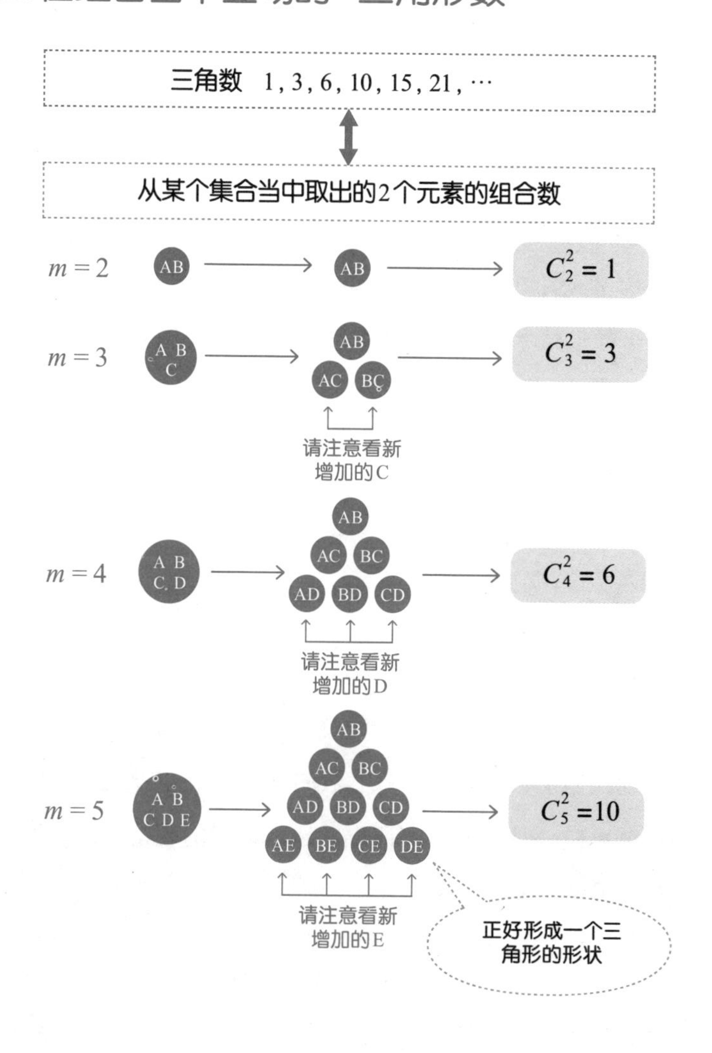

4 “四角形数（平方数）”是什么

在上一小节，我们讲解了**三角形数**，那么大家应该很自然地就会想道：“如果有三角形数的话，那么是不是也有四角形数呢？”正如大家所料，**四角形数**也是存在的。如果三角形是根据正三角形得来的数，那么四角形数就是生成正方形的数。

四角形数是由逐渐变大的正方形投影在平面上的点得来的数。按照顺序排列出来就可以得出数列：

1，4，9，16，25，36，49，64，…

也就是从 1 开始，将**所有间隔为 1 的自然数（也就是奇数）依次逐渐叠加组成的数列**。

$$1 = 1$$

$$1 + 3 = 4$$

$$1 + 3 + 5 = 9$$

$$1 + 3 + 5 + 7 = 16$$

$$1 + 3 + 5 + 7 + 9 = 25$$

在这里，我们再来稍微注意一下这个数列的右边部分。所有的四角形数都是某个自然数的 2 次方，也就是平方。看**右页**就可以一目了然了。所以，比起上述的表达方式，这个数列写成：

1^2，2^2，3^2，4^2，5^2

这样可能更加通俗易懂。由于四角形数具有这个性质，所以人们也称它们为**平方数**。

■四角形数＝奇数之和

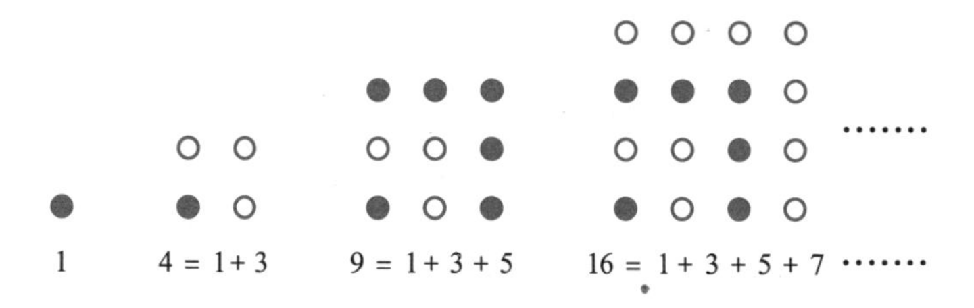

四角形数可以表示为“奇数之和”的形式

■四角形数＝平方数

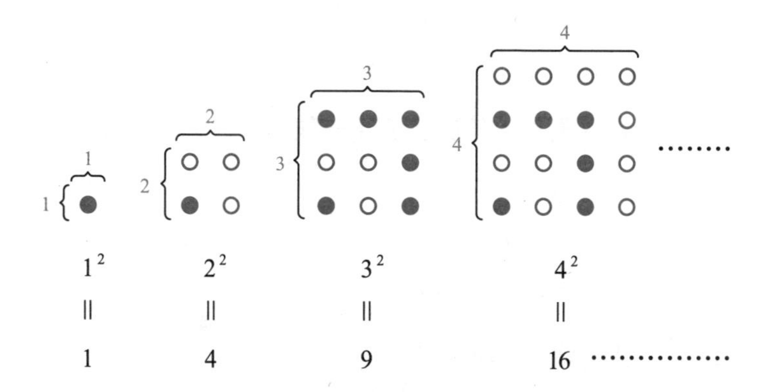

因为这样的关系，所以四角形数也被称作“平方数”

5 有没有“五角形数”和“六角形数”呢

肯定会有人想“如果有四角形数的话，那么有没有五角形数和六角形数呢”？不出所料，五角形数和六角形数也是存在的。**五角形数**是生成五角形的数，如：

1，5，12，22，35，51，70，92，…

这是从1开始的依次递增 3 的数之和组成的数列。

$$1 = 1$$

$$1 + 4 = 5$$

$$1 + 4 + 7 = 12$$

$$1 + 4 + 7 + 10 = 22$$

$$1 + 4 + 7 + 10 + 13 = 35$$

同样地，六角形数是生成六角形的数，如：

1，6，15，28，45，66，…

这是从 1 开始的依次递增 4 的数之和组成的数列。

$$1 = 1$$

$$1 + 5 = 6$$

$$1 + 5 + 9 = 15$$

$$1 + 5 + 9 + 13 = 28$$

$$1 + 5 + 9 + 13 + 17 = 45$$

由此我们可以知道，n 角形数是从 1 开始的依次递增（$n-2$）的数逐渐叠加组成的数。六角形数就是依次递增

4（6–2）的数。

■五角形数

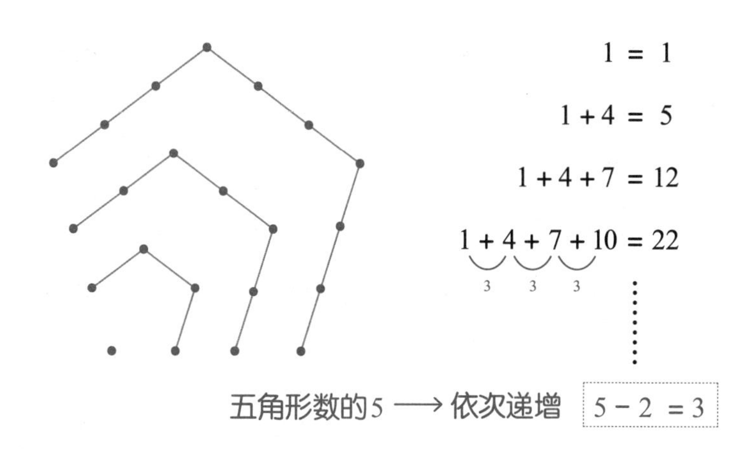

■六角形数

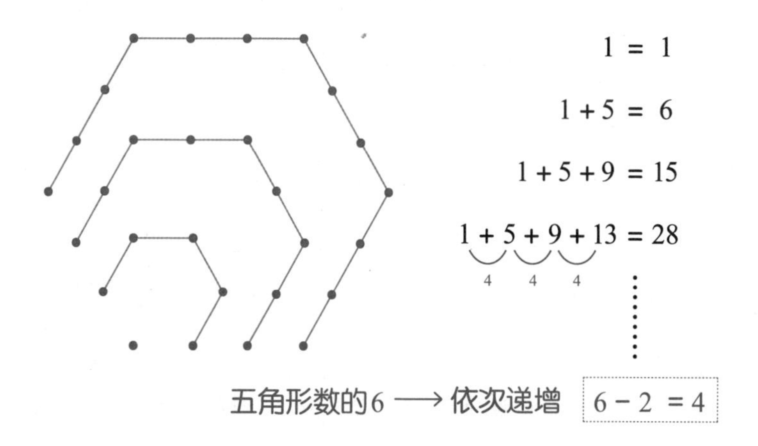

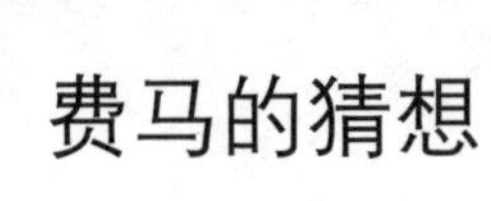

6 费马的猜想

在第3章和第4章都有登场的费马，不仅仅是对素数感兴趣，而且对形数也同样很感兴趣。他在 30 岁左右的时候入手了一本书，这本书是公元 3 世纪的古希腊数学家亚历山大后期的丢图番（Diophantus of Alexandria）著作的副本。

费马在这本副本的余白处写道：

> “任何自然数要么是三角形数，要么就可以以 2 个或者 3 个三角形数之和的形式来表示。”

换句话说，也就是“任何自然数都可以用 3 个以内的三角形数之和来表示”。同样地，他还认为：

> “任何自然数要么是四角形数，要么就可以以 2 个、3 个或者 4 个四角形数之和的形式来表示。”
>
> “任何自然数要么是五角形数，要么就可以以 2个、3 个、5 个或者 5 个五角形数之和的形式来表示。”

然而，同他对素数的研究一样，关于这些猜想，他并没有留下任何的证明，于是乎直到下个世纪才被其他的科学家们证明。

四角形数的证明是在 1772 年由法国数学家、天文学家约瑟夫·路易·拉格朗日（1736~1813年）完成的，而三角形数的证明则是在 1798 年由勒让德完成的。然而，一般人们通常认为这个难题是在 1813 年由法国数学家奥古斯丁・路易斯・柯西（1789~1857）所解开的。

■“任何自然数都可以用 3 个以内的三角形数之和来表示”吗

三角形数　我们来看看……

‖

1, 3, 6, 10, 15, 21, …

自然数	三角形数之和
1	1
2	1 + 1
3	3
4	1 + 3
5	1 + 1 + 3
6	6
7	1 + 6
8	1 + 1 + 6
9	3 + 6
10	10
11	1 + 10
12	1 + 1 + 10
13	3 + 10
14	1 + 3 + 10
15	15
16	1 + 15
17	1 + 1 + 15
18	3 + 15
19	1 + 3 + 15
20	10 + 10

20以内的数确实都可以用3个以内的三角形数之和来表示

5 ▶ 7

$C_3^3=1$，$C_4^3=4$，$C_5^3=10$，…

在组合中登场的“正四面体数”是什么

到目前为止的形数都是像三角形数、四角形数这样是平面上，也就是表现二维的数。那么，“既然有可以表现二维的数，那么是不是也有可以表现三维的数呢”？这里给大家讲解一下**正四面体数**吧。在此之前，我们要知道**正四面体是 4 个面都是等边三角形的立体图形**。参照**右页**也可得知，正四面体数是像这样：

$$1 = 1$$

$$1 + 3 = 4$$

$$1 + 3 + 6 = 10$$

$$1 + 3 + 5 + 10 = 20$$

$$1 + 3 + 6 + 10 + 15 = 35$$

是由**从 1 开始的三角形数之和**组成的。

这个正四面体数是表示**从某个集合当中取出的 3 个元素的组合数**。这一点与三角形数是“从某个集合当中取出的 2 个元素的组合数相同”相对应。

从由元素A、元素B、元素C这 3 个元素组成的集合当中取出3个元素的方法，就仅有直接把它们从中取出这样 1 种方法而已。而如果是从由元素A、元素B、元素C、元素D这样 4 个元素所组成的集合当中取出 3 个元素时，则有ABC、BCD、ACD、ABD这样4种方法。

上述方法可以概述为“从 n 个元素当中取出 3 个元素”，

所以如果使用之前的符号来表示的话就是：

$C_3^3=1$，$C_4^3=4$，$C_5^3=10$，$C_6^3=20$，…

■正四面体数

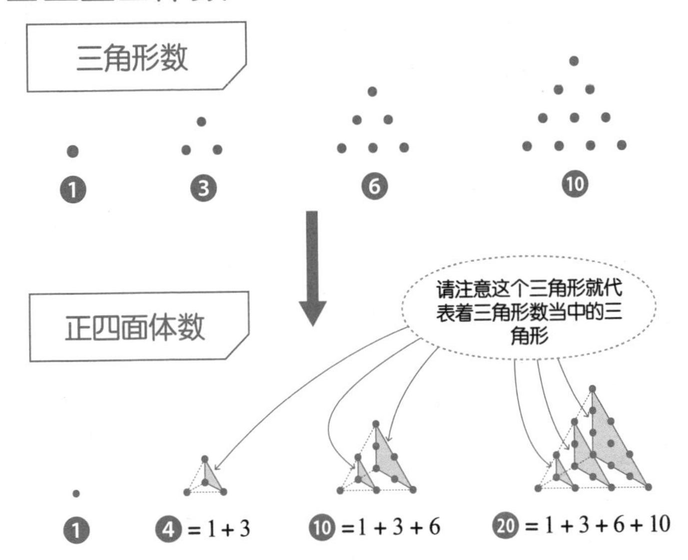

■正四面体数是取出3个元素的组合数

三角形数

$C_n^2(n=2,3,4,\cdots)$

⟶取出2个元素的组合

$C_2^2=1$，$C_3^2=3$，$C_4^2=6$，…

正四面体数

$C_n^3(n=3,4,5,\cdots)$

$C_3^3=1$，$C_4^3=4$，$C_5^3=10$，…

A B
C D

ABD

BCD

ABC

ACD

正四面体数是三角形数的“进化型”

8 “立方数”是什么

在本章第 4 小节里，我们讲解了平方数（四角形数），那么在这一小节就给大家讲一讲 3 次元版本的**立方数**吧。

立方数是根据正六面体得来的数。实际的立方数的数列是这样的：

1，8，27，64，125，216，…

立方即是**3次方**，就成了：

1^3，2^3，3^3，4^3，5^3，6^3，…

写成这样可能会更容易理解。如果将立方数也和到目前为止的数一样，表示成自然数之和的形式，那么就可以写成：

$1^3=1$，$2^3=1+7$，$3^3=1+7+19$，…

但是立方数还有**更加直观易懂的表示方法**，如：

$1^3=1$

$2^3=3+5$

$3^3=7+9+11$

$4^3=13+15+17+19$

$5^3=21+23+25+27+29$

可以看出，这个就是“奇数之和”的一部分。由此可以得出：**平方数（四角形数）与立方数之间，似乎有某种联系。**

■立方数

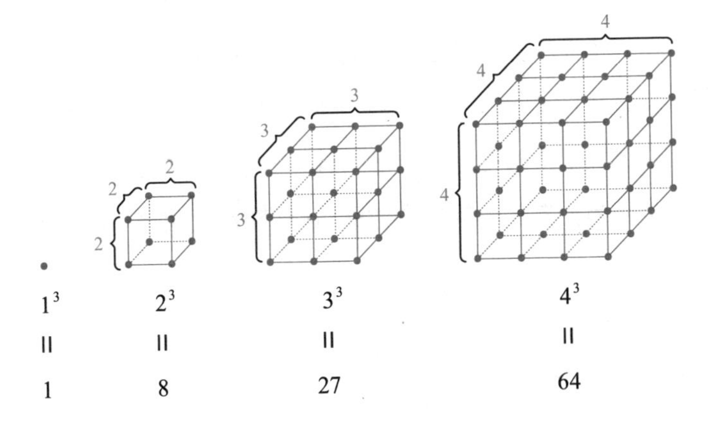

■奇数之和与立方数的关系

1个	2个	3个	4个	
1	3 + 5	7 + 9 + 11	13 + 15 + 17 + 19	21 …
↓	↓	↓	↓	
1	8	27	64	

$1^3 = 1 \qquad = 1$

$2^3 = 4 + 4 \qquad = 3 + 5$（移动1）

$3^3 = 9 + 9 + 9 \qquad = 7 + 9 + 11$（移动2）

$4^3 = 16 + 16 + 16 + 16 \qquad = 13 + 15 + 17 + 19$（移动1，移动3）

将奇数数列以1个、2个、3个、……
这样的单位来划分，每个单位内的数加起来则为立方数

9 “平方数”与“立方数”是什么关系

在本章第 8 小节里，我们知道了立方数可以表示成：

$1^3=1$，$2^3=3+5$，$3^3=7+9+11$，…

等式的右边是一部分的奇数之和，继续分析可以得知：**加上所有比自身小的立方数即可以变成完整的奇数之和**，也就是：

$1^3=1$

$1^3+2^3=1+(3+5)$

$1^3+2^3+3^3=1+(3+5)+(7+9+11)$

在本章第 4 小节里，我们知道了奇数之和可以以平方数的形式表示出来：

$1=1^2$

$1+(3+5)=(1+2)^2=3^2$

$1+(3+5)+(7+9+11)=(1+2+3)^2=6^2$

由此可以推导出：

$1^3=1^2$

$1^3+2^3=(1+2)^2=3^2$

$1^3+2^3+3^3=(1+2+3)^3=6^2$

同样地也可以推导出：

$1^3+2^3+3^3+4^3=(1+2+3+4)^2=10^2$

如果还是无法理解，那就请实际运算一下吧。

上述关于立方数之和仅计算到了4为止，那么像这样的等式关系到底能够持续多久呢？其实呀，**这种等式关系会无限持续下去**。

■“平方数”和“立方数”的关系

$$1^3+2^3+3^3+\cdots+n^3=(1+2+3+\cdots+n)^2\cdots \text{Ⅰ}$$

可用归纳法※来证明。此处，$n=1,2,3,\cdots$

❶ 当$n=1$时，Ⅰ的（左边）=（右边）=1，所以等式成立

❷ 当假设$n=k$时，等式也成立的话，即：

$1^3+2^3+\cdots+k^3=(1+2+\cdots+k)^2\cdots$ Ⅱ成立

那么当$n=k+1$时

Ⅰ的（左边）

$=1^3+2^3+\cdots+k^3+(k+1)^3$

$=(1+2+\cdots+k)^2+(k+1)^3$

将Ⅱ的条件代入进去

Ⅰ的（右边）

$=(1+2+\cdots+k+k+1)^2$

$=\{(1+2+\cdots+k)+(k+1)\}^2$

$=(1+2+\cdots+k)^2+2(1+2+\cdots+k)(k+1)+(k+1)^2$

$=(1+2+\cdots+k)^2+2\cdot\dfrac{k(k+1)}{2}(k+1)+(k+1)^2$

$=(1+2+\cdots+k)^2+k(k+1)^2+(k+1)^2$

$=(1+2+\cdots+k)^2+(k+1)^3$

可以使用三角形数的公式 $1+2+\cdots+k=\dfrac{k(k+1)}{2}$

❷ 可以得出当n为一般数，k等式成立时 ⟶ n为$k+1$等式也成立

❶ 可以得出$n=1$时等式成立，所以综合❶❷可以得出1 2 3 4 5…“所有的自然数都成立”这样的结论

※由一个个具体的事例推导出一般原理、原则的解释方法。

10 “平方数”与“立方数”的和

平方数和立方数之间的关系可以延伸成下列关系：

由 1^3 到 n^3 的立方数之和等于由1到 n 的数之和的平方。

换句话说，就像我在前一小节最后提到的那样，**对于所有的 n 来说都存在这种等数关系**。这种等数关系可以表达为下列的式子：

$$1^3+2^3+3^3+\cdots+n^3=(1+2+3+\cdots+n)^2$$

再代入三角形数的公式：

$$1+2+3+\cdots+n=\frac{n(n+1)}{2}$$

直接将其代入右边可以得出：

$$1^3+2^3+3^3+\cdots+n^3=\left\{\frac{n+(n+1)}{2}\right\}^2$$

等式左边需要将立方数一个一个相加非常麻烦。反之，看等式右边，无论 n 是多大的数只要代入其中就可以求出。合理运用这种等式关系，**即可迅速求出 3 次方数的和，而不必再一个一个去计算了。**

原本极其烦琐的立方数求和的计算，**使用了与平方数之间这样的关系之后，计算变得极其简单**，真是不可思议的一件事啊。

■烦琐的立方数之和的计算变得极其简单

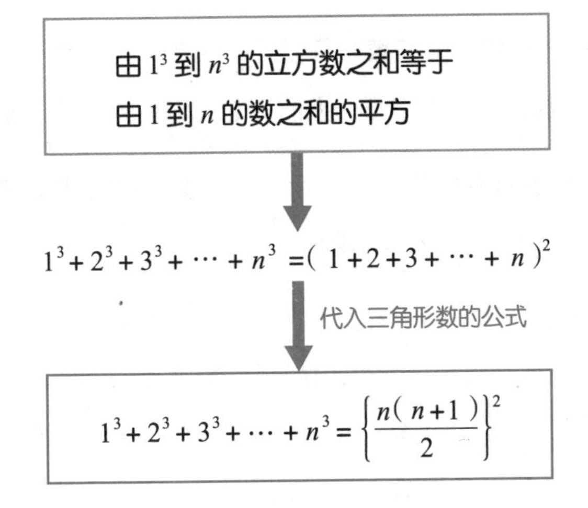

〈例〉当$n=100$时，等式左右的计算烦琐程度的比较

（左边）$=1^3+2^3+3^3+\cdots+100^3$

乘法计算200次

$=1+8+27+\cdots+100^3$

加法计算99次

$=25502500$

合计299次

（右边）$=\left\{\frac{100\times(100+1)}{2}\right\}^2$

乘法计算2次，加法计算1次

$=5050^2$

乘法计算1次

$=25502500$

合计4次

这种时候就可以很明显地感受到公式带所来的便利了。

11 华林的猜想

在 1770 年，英国数学家爱德华·华林如同哥德巴赫猜想一样，提出了一些主张，人们称之为华林的猜想，即：

所有的自然数都可以用4个以内的平方数之和，或者9个以内的立方数之和来表示。

首先，就让我们来看看平方数吧。如右页所示，从 1 到 15 的数完全可以用 4 个以内的平方数来表示。然而，正好需要 4 个平方数的情况却并不是很多。这与费马猜想的四角形数（平方数）的情况一致，而仅需要 4 个以内的平方数这件事也于 1772 年由前文提到的拉格朗日成功证明了。

那么,立方数的情况又如何呢？如同上述一样，人们统计了从 1 到 100 的数发现，除了“23”需要用 9 个立方数来表示之外，剩余的数仅需 8 个立方数即可表示。

在华林的猜想现世的大约 170 年后的 1939 年，人们知道了需要 9 个立方数来表示的仅有“23”和“239”这 2 个数，而需要 8 个立方数的也仅有 15 个数。也就是说，所有比右页列表的最后的“454”更大的自然数都可以用 7 个以下的立方数之和的形式表示。数字越大，所需要的表示其的立方数越少，不也是一件不可思议的事情吗？

华林的猜想还涉及了非形数的 4 次方数，还有 5 次方数、6 次方数……他猜想**可以使用有限个次方数之和来表示所有的自然数**。

人们至今已经证明了到 20000 次方为止的绝大部分都可以用有限个次方数之和来表示所有的自然数。但是，**“4 次方数需要 19 个”**这个猜想，还未曾被人们证明。

■自然数如果使用“平方数之和”的形式来表示的话仅需要4个

$1=1^2$

$2=1^2+1^2$

$3=1^2+1^2+1^2$

$4=2^2$

$5=2^2+1^2$

$6=2^2+1^2+1^2$

$7=2^2+1^2+1^2+1^2$

$8=2^2+2^2$

$9=3^2$

$10=3^2+1^2$

$11=3^2+1^2+1^2$

$12=3^2+1^2+1^2+1^2$

$13=3^2+2^2$

$14=3^2+2^2+1^2$

$15=3^2+2^2+1^2+1^2$

■自然数如果使用“立方数之和”的形式来表示的话仅需要9个

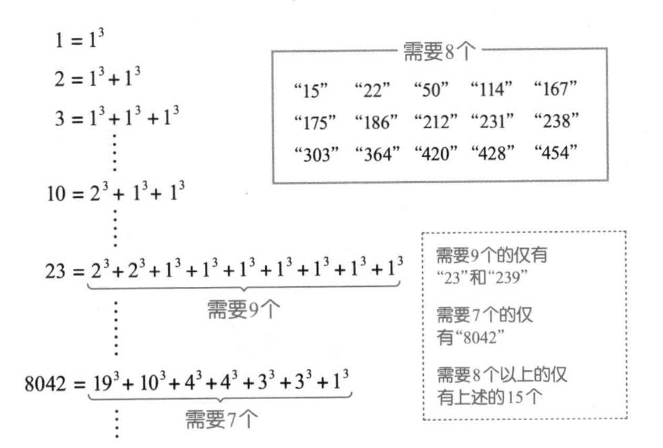

Column 5

令人怀念的“寺山算术”

我永远都无法忘记当我还是一个青涩的大学生，还从未站在文学的角度考虑过数字的四则运算问题时，不经意间读到了寺山修司（1935～1983年）著的《谁人不思乡》的其中一节时受到的震撼。

“当我在面对数学当中‘二加二等于几’这种初级问题的时候，总是会抑制不住将其想成是‘荷加荷’等于‘死’，我认为最次也应该是等于‘产’吧，然而我的这种认识却被人嘲笑说‘二加二等于三是错误的’。可是，如果不能从数字读取其中所预言的信息，那么世间的人们又为何使用数字呢？真理往往是隐藏在数字之后的灵魂的叙事诗篇。”

我至今都可以感受到将数学理论中违反常识的东西以一种自由自在的“使用方法”使用寺山修司的特有的魄力，并无比怀念。

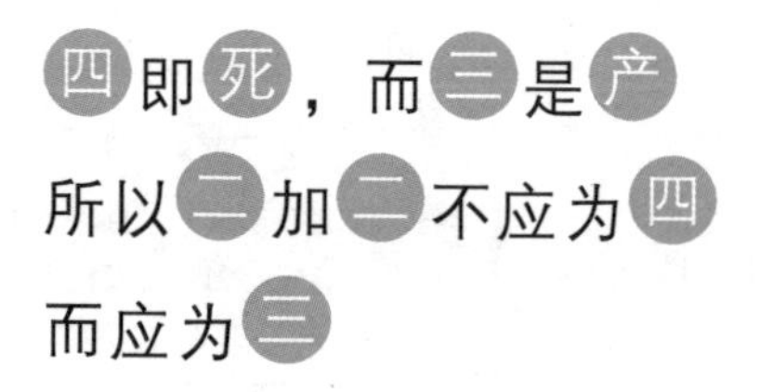

第6章

非常不可思议的“幻方”

这一章，与以往的章节不同，要为大家介绍什么是幻方，要为大家解说包括六阶幻方在内的各种各样的幻方的性质和特征，以及至今为止的未解之谜。大家一定会陷入幻方这非常不可思议的独特魅力之中而无法自拔吧。

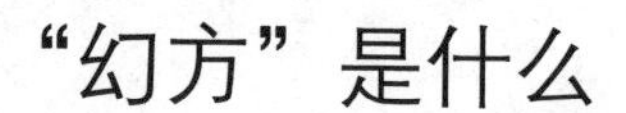

1 “幻方”是什么

在第 5 章里，大家知道**四角形数是生成正方形的数**。在这里，要告诉大家的是**将这个正方形分割之后可以得到有趣的数表**。被分割成的最小的正方形，我们称为**方格**。

这个数表，是**将 1 开始的自然数填写在其方格中，并且每行、列和 2 条对角线上的数字之和都相等**。此数表也被称为幻方。百闻不如一见——请参看**右页“3×3 的幻方”**。每行的数字之和确实都等于15。

$2+9+4=7+5+3=6+1+8=15$

此外，每列的和也相等。

$2+7+6=9+5+1=4+3+8=15$

2 条对角线上的和也是同样：

$2+5+8=4+5+6=15$

这就是幻方的特征。据说这个 3×3 的幻方最早出现于 2500 年前左右的古代中国，于数个世纪间都是主宰人们命运的神秘象征。

此外，**无论是对这个 3×3 的幻方进行旋转还是映射操作，最终得出的幻方每行、列和 2 条对角线上的数字之和也还是都相同**。如果不信的话，可以实际动手计算一下每行、每列、对角线上的数字之和。

在下一小节中，再将这个“和”，结合其中的点来详细讲解吧。

■3 × 3的幻方

2	9	4
7	5	3
6	1	8

纵、横、斜的和均为15。
3×3的幻方仅此1例

■即使是将幻方旋转、反转也……

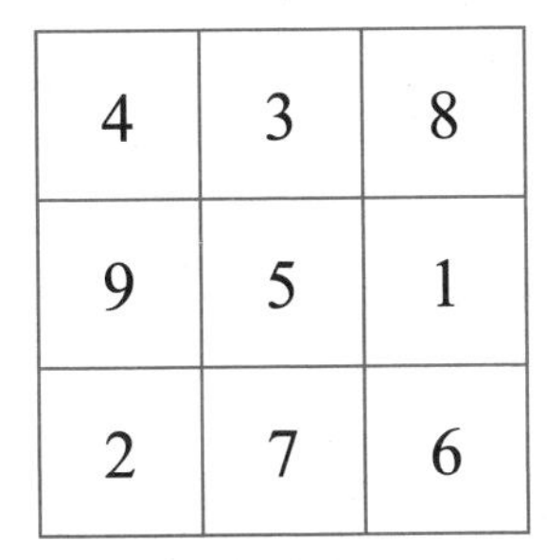

4	3	8
9	5	1
2	7	6

向右旋转90°

4	9	2
3	5	7
8	1	6

在其左侧放上镜子来将其映射

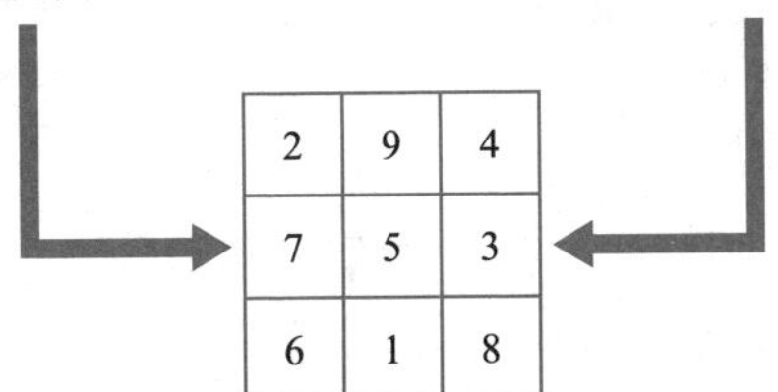

2	9	4
7	5	3
6	1	8

旋转或反转后可以重合的幻方，我们认定为同一个幻方

2 “幻和”是什么

一般而言，我们称各边由 n 个方格组成，一共拥有 $n \times n = n^2$ 个方格的幻方为 n 阶幻方。在前一小节列出的幻方是 3×3 的，所以也称**3阶幻方**。

为了将这些幻方全部填满，我们需要调动 1 到 n^2 个整数。其次，我们将每行、每列、对角线上的数字分别相加得到的数字称为**幻和**。前一小节3阶的情况幻和为“15”。

这个幻和等于“从 1 开始加至 n^2 再除以n的数”。让我们先来考虑前一小节为大家介绍的“n=3”的情况吧（请参照**右页**），我们假设幻和为 M，那么就可以得到：

$$M = a + b + c = d + e + f = g + h + i$$

另外，由于：

$$a + b + c + \cdots + i = 1 + 2 + 3 + \cdots + 9 = 1 + 2 + 3 + \cdots + 3^2$$

因而可以推导出：

$$3M = 1 + 2 + 3 + \cdots + 3^2$$

于是乎，可以得到：

$$M = \frac{1+2+3+\cdots+3^2}{3} = 15$$

那么，以同样的方法，我们就可以得出一般的 n 阶幻方的幻和 M 为：

$$M = \frac{1+2+\cdots+n^2}{n}$$

再将n^2代入三角形数的公式“$1+2+\cdots+n=\frac{n(n+1)}{2}$”得出“$1+2+\cdots+n^2=\frac{n^2(n^2+1)}{2}$”作为分子，最终可以得到：

$$M=\frac{\frac{n^2(n^2+1)}{2}}{n}=\frac{n^2(n^2+1)}{2n}=\frac{n(n^2+1)}{2}$$

■幻和是什么

每行、每列或者2条对角线上的数字之和

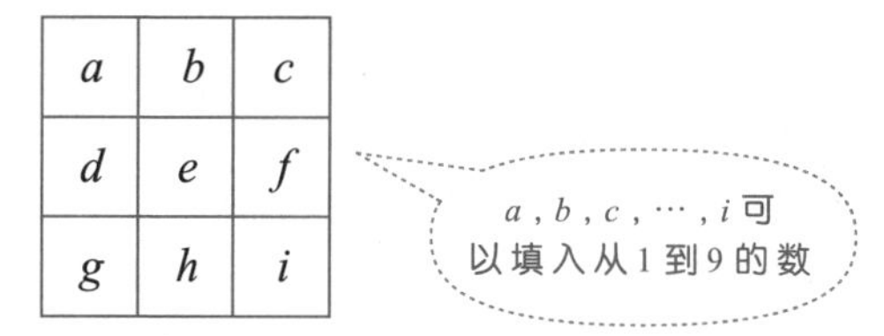

假设幻和为M

$$\left.\begin{aligned}M&=a+b+c\\&=d+e+f\\&=g+h+i\end{aligned}\right\}$$

$$\begin{aligned}&=a+d+g\\&=b+e+h\\&=c+f+i\\&=a+e+i\\&=c+e+g\end{aligned}$$

$$3M=a+b+c+\cdots+h+i$$

$$=1+2+\cdots+9$$

3^2

$$M=\frac{1+2+\cdots+9}{3}=15$$

一般来说，

$$M=\frac{1+2+\cdots+n^2}{n}$$

分子可以使用三角形数的公式来计算

$$=\frac{\frac{n^2(n^2+1)}{2}}{n}=\frac{n^2(n^2+1)}{2n}$$

$$=\frac{n(n^2+1)}{2}$$

低阶幻方的数量有多少

在这里，我们称1阶到5阶为**低阶幻方**。

1阶的幻方（也不能称其为幻方），很明显就是一个数字（请参照**右页**）。

2阶的幻方由4个数字1、2、3、4组成，这种2×2的幻方并不存在。关于这一点，大家反复地试几次应该就可以知道了。实际上，这种情况的幻和必须要为：

$$\frac{2\times(2^2+1)}{2}=5$$

如果将1放在左上角，那么左下角则应为4。但是右上角也必须要放上4，所以不可行。

3阶幻方就像本章第1小节说的那样，仅有1例。

4阶幻方有很多，目前人们已知的有880个。关于这一点，最早是在1693年被人们所知。在4阶幻方的研究中也颇有韵味的一例，如同**右页**所示（为何颇有韵味，会在下一小节为大家说明），可以计算出此时的幻和为：

$$\frac{4\times(4^2+1)}{2}=2\times17=34$$

5阶幻方的数量一下子突飞猛进，其个数直到最近人们才用计算机计算出来，存在275305224个。

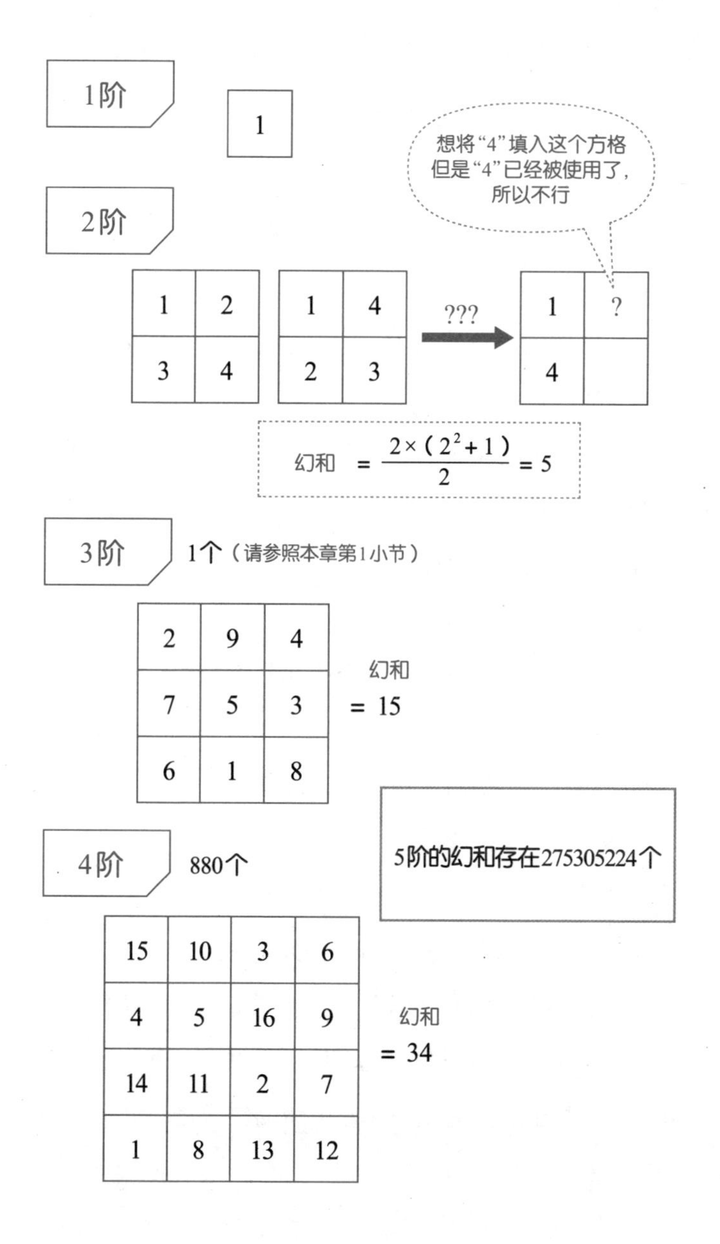
1阶
1
2阶
1 2
3 4
1 4
2 3
???
1 ?
4
想将“4”填入这个方格
但是“4”已经被使用了，
所以不行
幻和 = $\frac{2\times(2^2+1)}{2}$ = 5
3阶
1个（请参照本章第1小节）
2 9 4
7 5 3
6 1 8
幻和
= 15
4阶
880个
5阶的幻和存在275305224个
15 10 3 6
4 5 16 9
14 11 2 7
1 8 13 12
幻和
= 34

4 阶幻方的不可思议之处

在本章第 3 小节，我们说到了“4 阶幻方一共有 880 个，幻和为 34”。接下来就给大家讲解一下 4 阶幻方具有的**幻和以外的性质**吧。

但是希望大家注意的是，并不是所有的 4 阶幻方都具有这种性质。

在**右页**显示的 4 阶幻方当中，一共有 9 个由 2 行 2 列组成的小方阵。这个小方阵包含的 4 个数字之和也全都等于幻和“34”。比如左上角的小方阵：

15 + 10 + 4 + 5 = 34

其次，我们再来算算看这个 4 阶幻方当中一共有 4 个由 3 行 3 列组成的小方阵的四个顶点之和吧。这些和也全都等于幻和“34”。再如右下角的小方阵是：

5 + 9 + 8 + 12 = 34

此外，对角线以外的无论是哪条斜线上的数字之和，也全都等于幻和“34”。而作为幻方毋庸置疑的一点，对角线上的数字之和也是幻和“34”。比如说，从左上角到右下角的斜线之和（也包含对角线的情况）一共有 4 种，也全都是“34”。同样的，从右上角到左下角的斜线之和也有 4 种，且均为“34”。

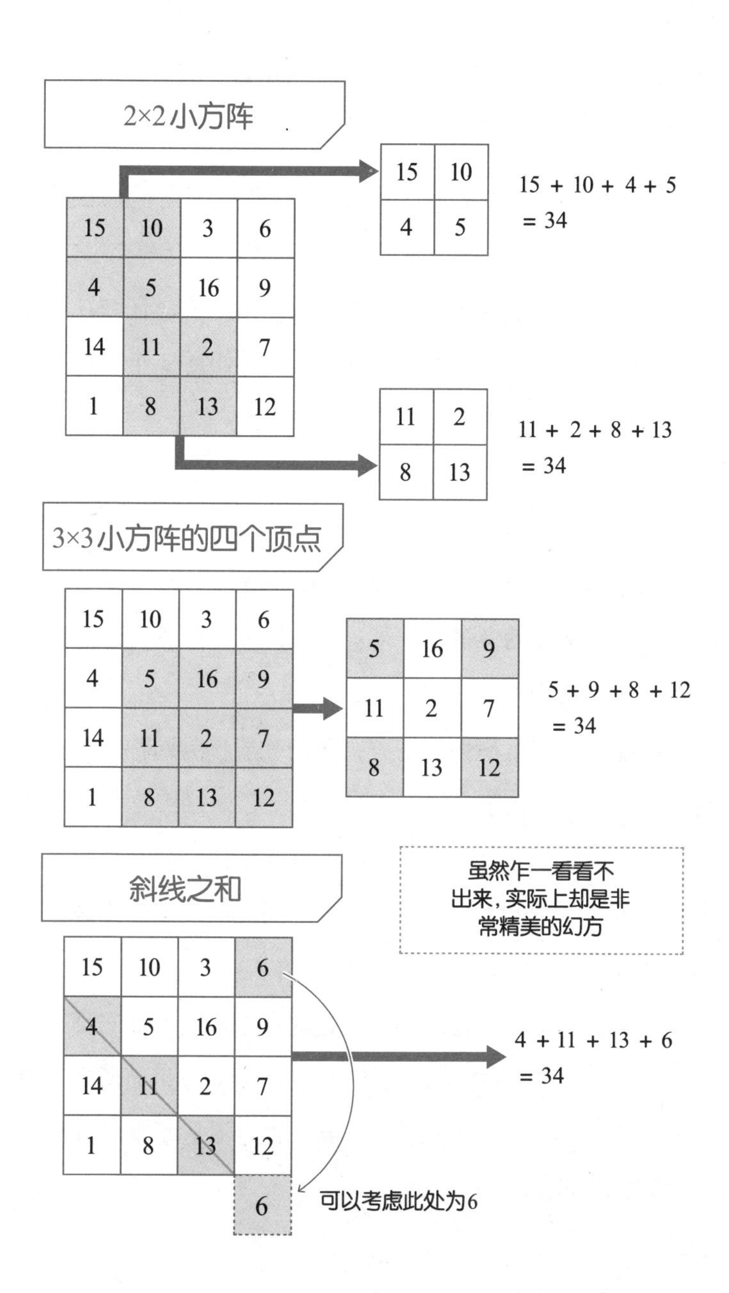

2×2小方阵
15 + 10 + 4 + 5
= 34
11 + 2 + 8 + 13
= 34
3×3小方阵的四个顶点
5 + 9 + 8 + 12
= 34
斜线之和
虽然乍一看看不
出来，实际上却是非
常精美的幻方
4 + 11 + 13 + 6
= 34
可以考虑此处为6

5 中心对称的“对称幻方”

这一小节就为大家介绍**5阶幻方具有的几个不可思议的性质**吧。

第一个要介绍的就是**右页**上方的 5 阶幻方。仔细观察这个幻方可以发现，关于中心“13”对称的任意 2 个数相加之和都为“26”，也就是中心“13”的 2 倍。

比如像这样：

17 + 9 = 25 + 1 = 20 + 6 = 26

如果将这个 5 阶幻方里面所有方格里的数都用“26”去减的话，有趣的事情发生了：得出来就是**原来的幻方旋转 180 度之后的幻方**。

像这样有着对称性的幻方，我们一般称为**对称幻方**，这种特性不仅仅存在于 5 阶幻方当中。

一个最简单的对称幻方的例子，就是在本章第 1 小节为大家介绍的 3 阶幻方了。其关于中心对称的任意 2 个数之和都为“10”，即中心数字“5”的 2 倍。

然而，**并不是所有的幻方都是对称幻方**。比如**右页**下方的例子（5 阶幻方的情况），将这个 5 阶幻方里面所有方格里的数都用“26” 去减之后，所得的并不是原来幻方旋转 180 度以后的幻方。

■对称幻方（5阶幻方的情况）

17	14	6	3	25
8	5	22	19	11
24	16	13	10	2
15	7	4	21	18
1	23	20	12	9

9	12	20	23	1
18	21	4	7	15
2	10	13	16	24
11	19	22	5	8
25	3	6	14	17

用26减去每个方格里的数

关于中心对称的位置的任意2个数之和都为26

得到的是原来的幻方旋转180度后的幻方

■非对称幻方

1	22	21	19	2
14	4	20	12	15
18	16	11	7	13
9	17	5	24	10
23	6	8	3	25

2 + 23 = 25

4 + 24 = 28

每一组关于中心对称的位置的2个数之和并不一致

用26减去每个方格里的数之后，得到的并不是原来的幻方旋转180度后的幻方。

幻方的“制作方法”

在上一小节为大家介绍了 5 阶幻方，那么是否存在 6 阶、7 阶等更高阶次的幻方呢？结论是幻方的阶次并没有大小的限制。换句话来说，**除了 2 阶以外，存在任何阶次的幻方**。

虽然阶次越高越烦琐，但是无论是何种阶次的幻方都是可以做成的。原因就是虽然根据阶次是偶数还是奇数做法有些许差异，但是**幻方是存在制作方法的**。

在此就以7阶幻方为例，为大家简单地介绍一下奇数阶次的幻方的制作方法。此制作方法**适用于所有的奇数阶次的幻方**。

首先，我们在最上方一行的正中间的方格里填入数字“1”，接下来由1开始向右上方按顺序填入数字。如果要填的数字在方格外面，那么就将其填入该列另一头的方格之内。由于仅用文字表述有些难以理解，还是请参照**右页**。一开始的2到表格外面了，所以将其移动到最下方那一行。随后填入“2”“3”“4”。“5”又到表格外面了，所以将其移动到另一头。再接着往右上方填入“6”“7”……

然而随后要填“8”的地方已经有数字“1”在里面了。像这样要填写的位置已经有数字在里面，无法继续填写的情况，我们就把要填写的数字填在这个数字下面的一个方格里面。按现在这个情况，即“7”下面的方格。如此往复地将数字填入方格，填满即完成。

可是，并不是所有的幻方都是这个制作方法，特别是阶次为偶数的幻方的制作方法难度极高，本书就不做说明了。

■“7阶幻方”的制作方法

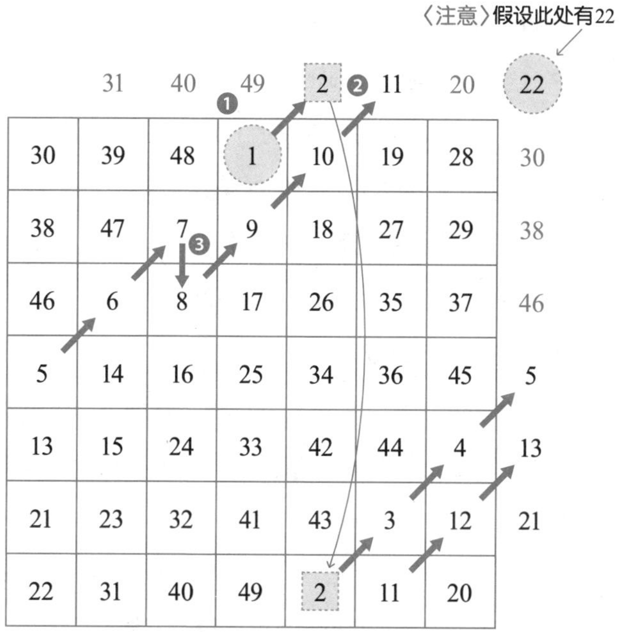

〈注意〉假设此处有22

31 40 49 2 11 20 22

30	39	48	1	10	19	28
38	47	7	9	18	27	29
46	6	8	17	26	35	37
5	14	16	25	34	36	45
13	15	24	33	42	44	4
21	23	32	41	43	3	12
22	31	40	49	2	11	20

30 38 46 5 13 21

❶ 最上方一行的正中间填入“1”，
由1开始向右上方按顺序填入数字

❷ “2”到表格外面了，所以将其移动到另一头

❸ 要填“8”的地方已经有数字“1”在里面了，
所以将其移动到“7”下面这个方格

不断重复❶～❸的过程，即可制作出一个7阶幻方

7 幻方也有很多不同种类

到此，在我们见识到的幻方之中，有着“每行、每列和2条对角线上的数字之和均相等”这样不可思议的性质，所以也被人们称作“**魔**”方阵。

但是，世上也存在着一些不具备这样不可思议性质的有趣的方阵。在这里，就以**拉丁方阵**为例来为大家讲解一下吧。

首先，让我们来看一看**右页**的 3 阶和 4 阶方阵吧。大家来想一想，这两个方阵的共同特征是什么呢？特征就是**每行、每列同样的数字仅能出现 1 次**。像这样，将从 1 到 n 的数放入 $n \times n$ 个方格里，且每行、每列都没有重复数字的方阵，我们就称之为拉丁方阵。

制作拉丁方阵的方法比幻方还要简单。仔细参照**右页**就可以得知，即使是对于一般数 n 来说也是可以制作成的。实际上，制作普通的拉丁方阵时，只需要将最上面一行填入 1，2，3，…，n，然后每往下 1 行就往右（或者往左）平移一个数字填上就可以制作而成。如**右页**所示即可推导出 n 阶的拉丁方阵了。

其次，还有不拘泥于“方阵”的形式，如**右页**的像星型的**魔星阵**。

此外，人们还研究过将立方体分割为 n^3 个方块，然后分别填入从 1 到 n^3 数字的**立体幻方**。现在的人们已经知道，并不存在 2 阶到 4 阶的立体幻方。而立体幻方在人类历史上的首次登场是在1905年的一个非正式发表当中，是一个8阶立体幻方。

■拉丁方阵

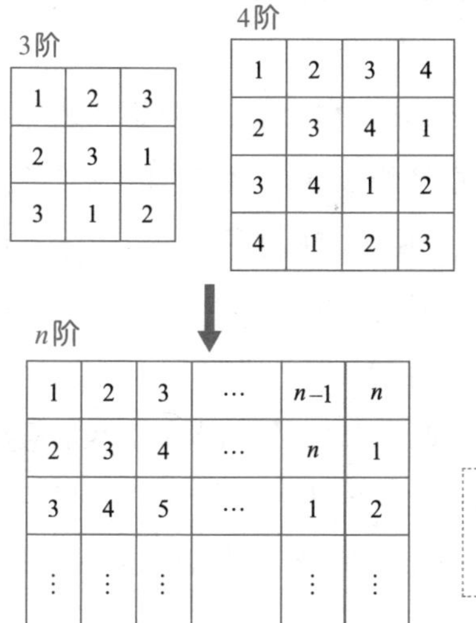

3阶

1	2	3
2	3	1
3	1	2

4阶

1	2	3	4
2	3	4	1
3	4	1	2
4	1	2	3

n阶

1	2	3	…	$n-1$	n
2	3	4	…	n	1
3	4	5	…	1	2
⋮	⋮	⋮		⋮	⋮
n	1	2	…	$n-2$	$n-1$

■魔星阵

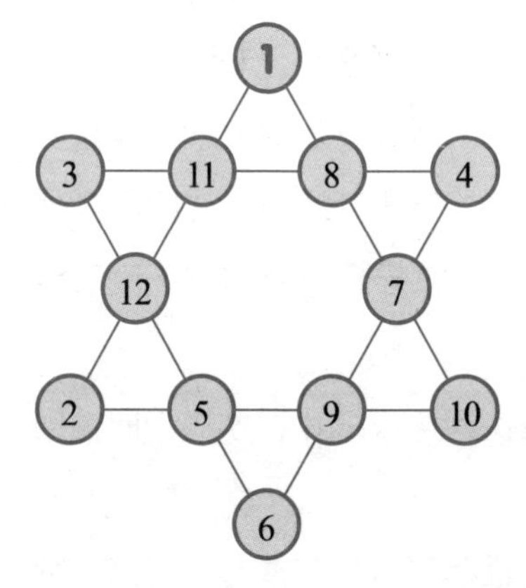

$3 + 11 + 8 + 4 = 26$

$2 + 5 + 9 + 10 = 26$

$1 + 11 + 12 + 2 = 26$

$1 + 8 + 7 + 10 = 26$

$3 + 12 + 5 + 6 = 26$

$4 + 7 + 9 + 6 = 26$

每条边的数字之和均为“26”

从六角形衍生而来的“魔方六方阵”

在这一小节，要为大家解说的是从六角形衍生而来的幻方：**魔方六方阵**。

首先，让我们从 **2 阶的魔方六方阵**开始考虑吧。如**右页**所示，是由 7 个六边形组成的。此幻方的成立条件是将 1 到 7 的数字分别放入其中，使得水平方向（3 个种类）、斜方向（从左上角到右下角、从右上角到左下角分别共有 3 个种类）的数字之和均相等。

然而，2 阶的幻方却怎么也制作不出来。我们假设左上角的数是a，那么可以推出“右边相邻的数b”和“左边斜下方的数c”必定要相等（请参照**右页**）。由此可以得出，2 阶的魔方六方阵并不存在。

那么 **3 阶的魔方六方阵**又如何呢？如**右页**所示是由 19 个六边形组成的。此幻方的成立条件是将 1 到 19 的数字分别放入其中，使水平方向（5 个种类）、斜方向（从左上角到右下角、从右上角到左下角分别共有 5 个种类）的数字之和均相等。

这个 3 阶的幻方是由美国一个名为亚当的数学兴趣爱好者于1910 年开始研究，直到 1957 年才发现的。悲剧的是他却将写好答案的那张纸遗失了，所以导致这个幻方一度又重埋于阴影当中。

直到 5 年以后，他又重新找到这张纸片，才终于向世间发表了这个几经波折的幻方。

此后，在 1963 年由特里克**证明了 3 阶的魔方六方阵**，除此以外再无其他。从这个意义上来讲，3 阶的魔方六方阵是一个非常重要的存在。

■2阶的魔方六方阵

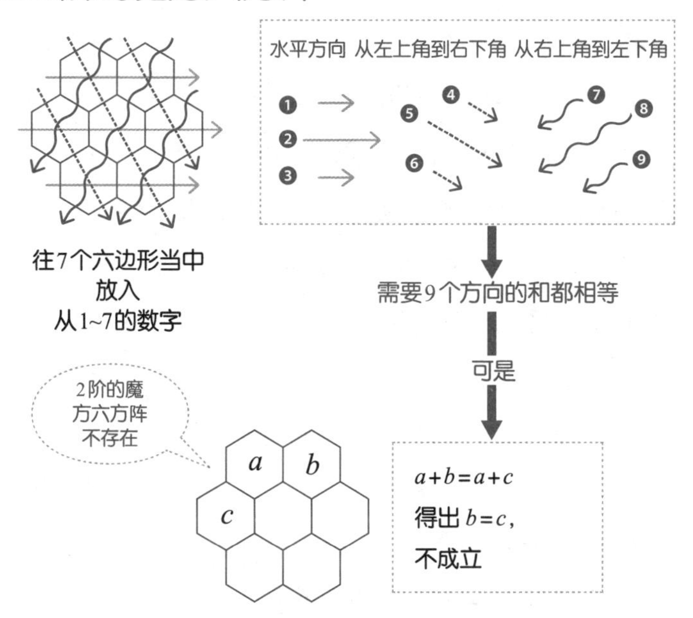

■3阶的魔方六方阵

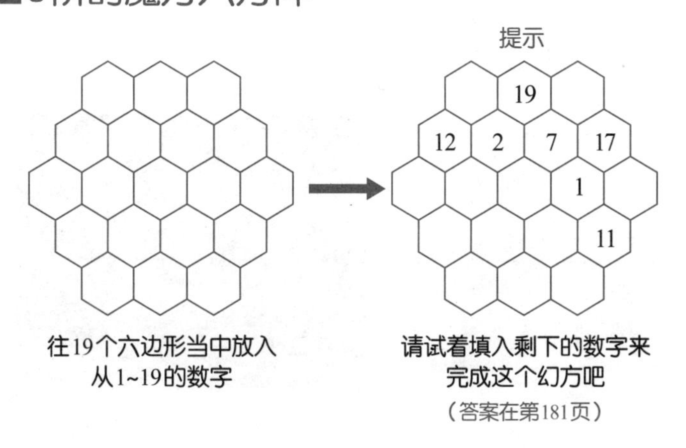

（答案在第181页）

Column 6

幻方与“行星”有关系吗

幻方，由于其不可思议的性质，从古代开始就被人们认为是神秘的象征。

据犹太教的“希伯来神秘哲学”记载所述，一个被称作“卡米亚斯”的特殊的幻方竟然还与土星、木星、火星、金星、水星，甚至是太阳和月亮有着神秘的关系。据《广辞苑（第六版）》记载，希伯来是“犹太教神秘主义之一，是关于宇宙、人类与神赐的10种恩惠物之间关系的说明”。

此幻方是由土星的 3×3 开始，依次增加木星的 4×4、火星的 5×5、金星的 6×6、水星的 7×7、太阳的 8×8，还有月亮的 9×9。人们认为这种与天体有某种关系的幻方，可以通过方阵内的数字将行星之力传递到人的身上，所以通常被用来当成驱魔的物件。

如此这般，无论是幻方还是魔星阵，都曾经被人们当成魔术和驱魔的物件来使用。

■土星的幻方

4	9	2
3	5	7
8	1	6

写真：NASA

第7章

圆周率“π”的历史

这一章为大家讲解与圆有着密切关系的圆周率 π。特别是会对 π 的几种表达公式，人类使用计算机来探求 π 的位数，还有 π 的历史进行着重讲解。π 的历史，可以说成是整个数学史的一小部分也不为过。

1 “π”是什么

圆，和三角形与四角形一样，是在我们身边随处可见的图形之一。盘子、CD、车轮等，在我们的周围有着数不清的各种圆存在。

人们通常使用圆规来画圆。圆是一个把与 1 个点距离相等的所有点连起来的图形，所以必须要使用圆规来画。使用圆规画圆的时候，圆规的针所在的点就叫作**圆心**，圆圈线叫作**圆周**。其次，圆心与圆周上的任意一点相连的线叫作**半径**，将半径反向延长至另一端圆周所得的线，我们称为**直径**。

人们通过测量各种各样圆的圆周和直径发现，（圆周）÷（直径）的值为一个定值。这个值就是我们通常讲的**圆周率**，写作 π，是因为圆周的英语periphery的首字母“p”的希腊文字就是π。再次用公式表达出来就是：

$$\pi = \text{圆周} \div \text{直径}$$

换句话说，π就是一个表示圆的周长是直径几倍的数值。此外，可能有很多人都记着π的值为 3.14，但是这仅仅是一个近似值，其实际值为“3.1415926…”且无限不循环。

《π 的性质与历史》一书的作者威廉沙尔夫曾经说过：“世上应该再也没有其他的数学符号能够像 π 这样神秘、浪漫，容易让人产生误解和兴趣的了。”甚至可以说“提到π，就相当于是提到数学”一样。

本章的主角就是π，让我们来感受一下π的神秘和浪漫吧。

■圆存在于各个角落

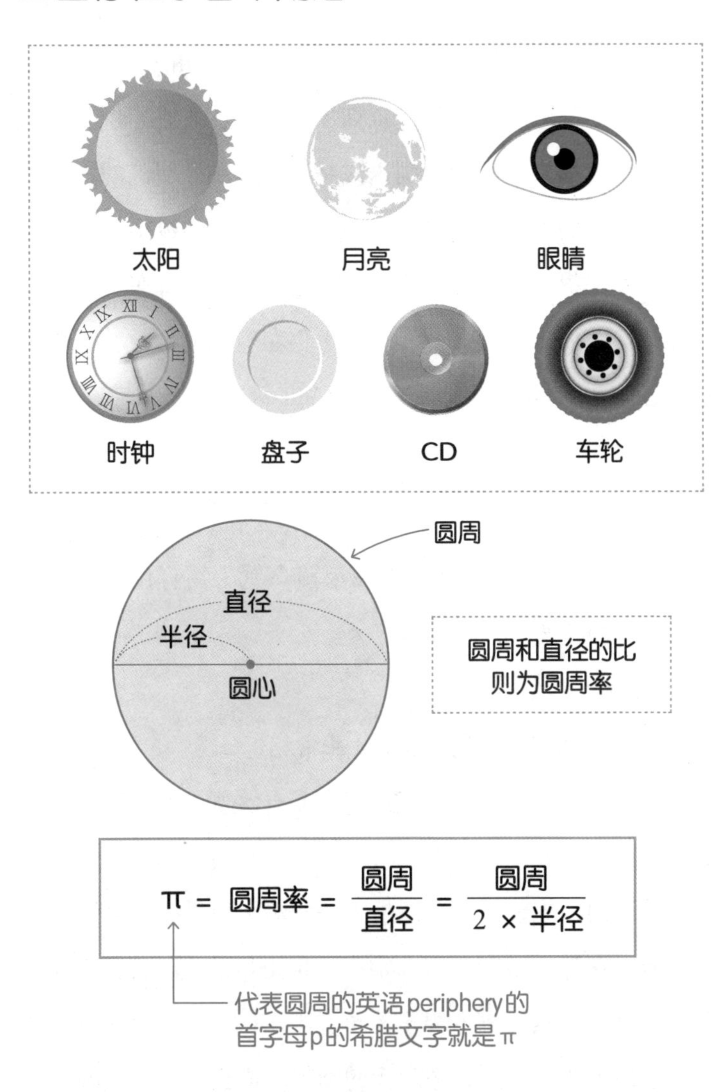

2 “圆周率”这种想法的起源是什么

关于圆的周长与直径的比，也就是 π 的最早记录，可以追溯到大约 4000 年以前的古埃及尼罗河文明时期。在公元前时期，π 就已经被人们注意到了。然而，在那个时期还没有圆周率这样一个明确的词语或是 π 这样一个明确的符号。

π 这个符号是由威廉·琼斯（1675~1749年）首先导入，由前文提到的欧拉等学者在18世纪中叶开始使用并广泛推行的。然而，其实公元前 2000 年左右的古巴比伦尼亚人就已经掌握了圆周率大概的数值，并认为其等于“3”或者“$3\frac{1}{8}$”。古人们原来认为圆周率的值为“3 多一点”。

紧随其后的古埃及人认为，“圆周率的数值为 $\pi = 4 \times \left(\frac{8}{9}\right)^2$”这个信息被记载在纸莎草纸上，仔细计算可以得出这个数值为

3.16049…

这个数值与现在的 3.14159 非常相近。

那么，圆周率这种想法的起源是什么呢？究其原因，还是因为以前尼罗河经常泛滥成灾，时常会有洪水发生。由于洪水的原因，当地经常会发生无法分清土地界线的事情。

所以在那一时期，有非常多测量土地的人，他们在土地上立一个桩，然后绑上绳子，再在绳子的另一头绑上另一根棒子。使用这个道具，像现代的圆规一样在土地上画圆。

由此，将画出来的圆的直径与圆周相比，才知道了“圆周是直径的 3 倍多一点”这件事。

■圆周率的发现

使用棒子和绳子画圆来决定土地的界线

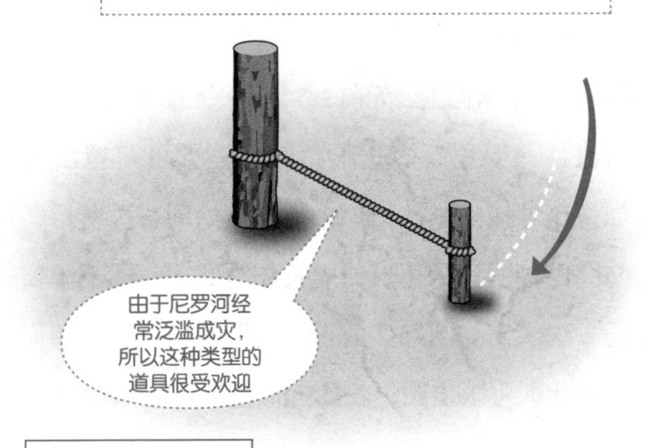

古代的圆周率

- 公元前2000年左右的古巴比伦尼亚

$$3+\frac{1}{8}=\frac{25}{8} \longrightarrow 3.125$$

- 紧随其后的古埃及

$$4\times\left(\frac{8}{9}\right)^2 \longrightarrow 3.16049\cdots$$

这两个数值都与现代π的数值（3.14159…）非常相近。

3 π 的近似值是多少

从公元前2000年左右的古埃及文明开始，过了一段悠久的时期之后，欧几里得在《原论》当中阐述道：圆周与直径的比为定值。然而，关于这个数值，也就是 π 的值却并未作出任何的解说。

实际上，对 π 的值做出系统性的、相似的推导方法，并最终实行的，是发现了“浮力的原理”的传说中“光着身子从浴盆里跑出来的”阿基米德（公元前287？～公元前212？年）。

π 的值，只要用正多边形将圆包裹即可模拟出近似值来。比如说用外接的正六边形来模拟，如同右页所示，可以先求出与圆内接的正六边形的周长作为圆周长的下限值；再以同样的方法求出与圆外接的正六边形的周长作为圆周长的上限值。由此即可求出圆周长的近似值，即可以得出：

$$3 < \pi < 3.464\cdots$$

虽然说，使用正六边形求出来的值与古埃及文明的 3.16049 相比，数值非常粗略，但是阿基米德从正六边形开始计算，一直到正 12 边形，正 24 边形，然后再 2 倍 2 倍地继续增加，最终使用正96边形得出了极其精确的数值：

$$3+\frac{10}{71}=3.1408\cdots<\pi<3+\frac{1}{7}=3.1428\cdots$$

上述 2 个数的平均值约为 3.1419，具有着与正确的 π 近似值相差仅万分之 3 以内的惊人的精确度。

■阿基米德推导π的近似值的方法

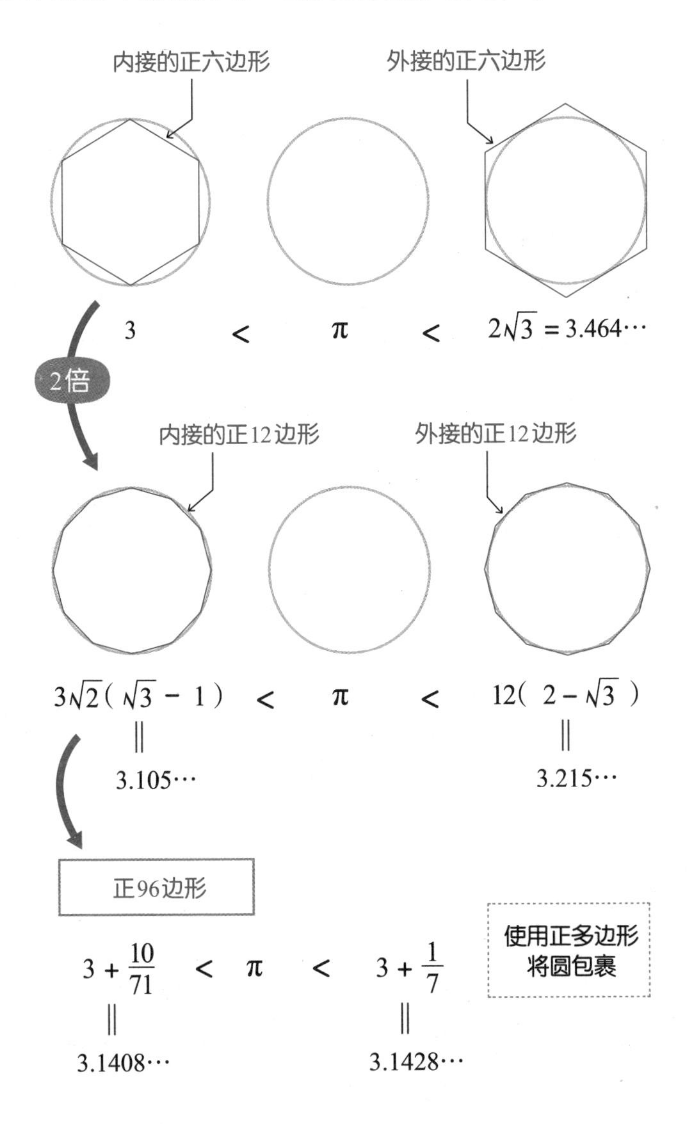

4 东方关于π值的研究

从本章第2、第3小节我们可以得知，在古埃及和古希腊等中东和西方地区，从遥远的公元前就已经开始计算π的值了。那么，东方的情况又如何呢？

公元前的中国，似乎一直是以“π=3”来计算的。这与公元前3世纪阿基米德计算出的结果相比，是非常粗陋的数值。公元2世纪初的中国大臣张衡（78~139年）在生前留下了一个公式：

$$（圆的圆周）^2÷（圆的外接正方形的周长）^2=\frac{5}{8}$$

如果是直径为1的圆，那得出的是“$\frac{\pi^2}{16}=\frac{5}{8}$”这个值，如此计算的话，π的值则为$\sqrt{10}$（约为3.162）。这与“3”相比，精确度上提高了不少。

随后，公元5世纪宋朝的祖冲之（429~500年）使用与圆内切的**正24576边形**求出了π的值大约为“$\frac{355}{113}$（约为3.1415929）”。据推测应该和阿基米德使用的是同一方法吧。

与阿基米德使用的正96边形相比，正24576边形是其256（2的8次方）倍。即使与现代人们求出的数值相比，误差也不遑多让。在遥远的公元5世纪就能求出如此精确的数值，的确是一件令人吃惊的事情。

在日本，和算家关孝和（1642？~1708年）也曾使用和阿基米德同样的方法，求出了圆的内接正 131072 边形的周长为：3.14159265359。

■在中国情况如何呢

公元前	主要以 $\pi=$ 3 来计算
公元2世纪	张衡（zhāng héng）（78~139年） $\pi=\sqrt{10}=$ 3.1622⋯
公元3世纪	王蕃（wáng fān）（229~267年） $\pi=\frac{142}{45}=$ 3.1555⋯ 刘徽（liú huī） 使用阿基米德的方法（正3072边形） $\pi\approx$ 3.1416
公元5世纪	祖冲之（zǔ chōng zhī）（429~500年） 使用阿基米德的方法（正24576边形） $\pi\approx$ 3.1415929

祖冲之求出的近似值已经精确到了100万分之1位。

数学史上第一个“推导出π的公式”

到目前为止讲的都是求π近似值的事情，而将阿基米德的方法发挥到极致的人，是荷兰的数学家鲁道夫·范·科伊伦（1540~1610年）。他是比在本章第4小节提到的和算家关孝和稍微早一点时期的数学家。

他也曾花费数年埋头于研究圆周率的计算，通过计算正 15×2^{31} 边形的周长求出了π的20位数。最终又通过计算正 2^{62} 边形的周长求出了π近似值的35位。据说为了对他这伟大的工作表示敬意，德国至今为止还称π为鲁道夫数。

然而，阿基米德使用的方法如同“技法”一般，最终会让人感觉到界限的存在。就好像说“100米赛跑，即使有选手能够在9秒多钟不断做出突破，却肯定没有人能够1秒就跑完”一样。

出乎意料的，就在鲁道夫同一时代，出现了“100米用1秒就能跑完”的大跃进事件，那就是“将阿基米德的方法重复无数次，最终能够巧妙地用公式来表示的话怎么样呢”这样一个想法。

1593年，法国数学家法兰西斯·韦达（1540~1603年）准确地表示出了π，成功获得了数学史上第一个推导出π的公式，详情请参照右页。

此番结果，简直就是从有限向无限的大跃进，是跨时代的结果。虽然这个公式对于实际π的计算并没有起太大的作用，此后，约翰·沃利斯（1616~1703年）等学者又发现了许多其他的推导 π 的公式，情况发生了很大的改变。

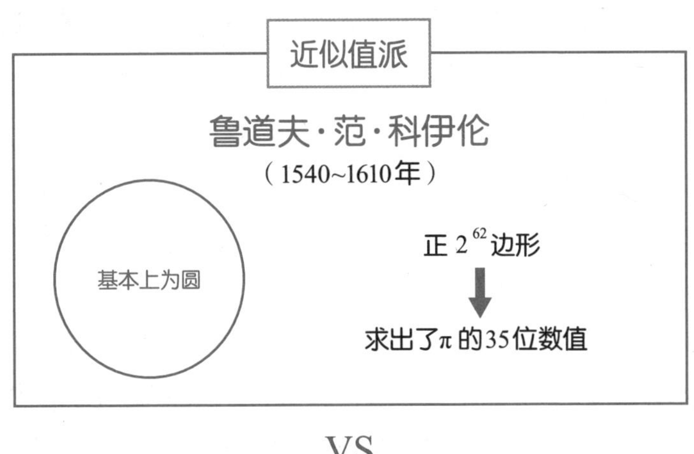

VS

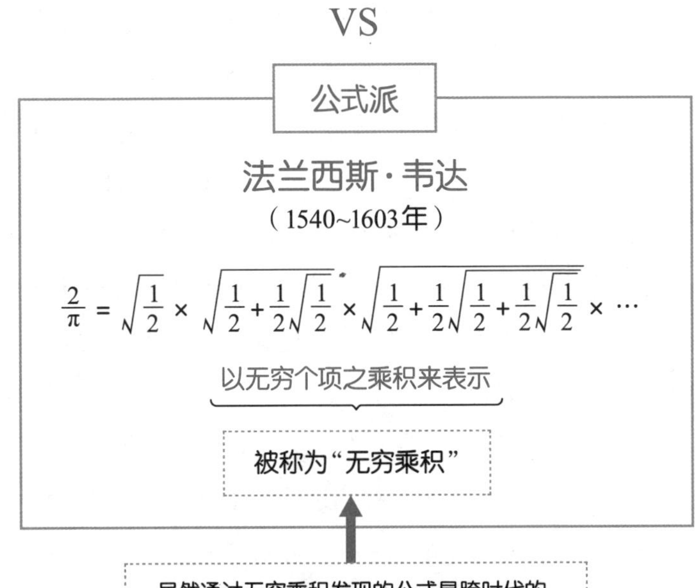

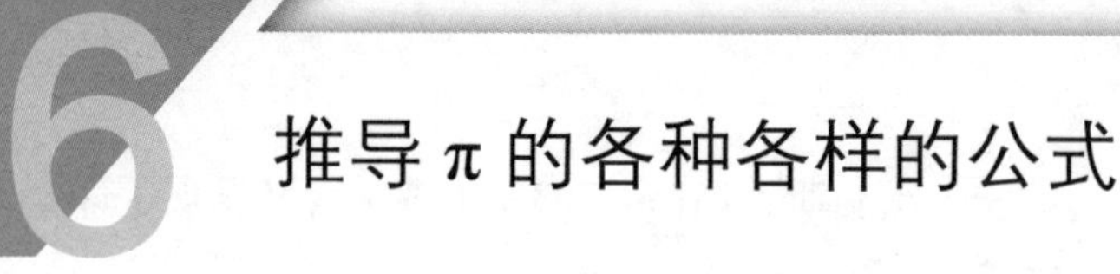

6 推导π的各种各样的公式

在本章第 5 小节提到的法兰西斯·韦达的方法，是通过阿基米德的方法来求圆周率 π 的上限值和下限值这样一个一边倒的历史当中，诞生出的推导 π 的公式的流派。

最早的一个公式，记载于韦达所著的《数学的诸问题·第8卷》（1593 年）中。其后至 1655 年，前文提到的约翰·沃利斯为了求圆的面积，使用无穷个小长方形，以一种非常简单且利索的表示方法实现了。由于沃利斯发现的公式仅有有理数而没有平方根，所以和韦达的方法相比，计算更加简单。然而，想要用沃利斯的这个公式来求 π 的近似值的话，却有点无从下手了，原因就是收敛至 π 的速度非常慢。

在沃利斯的公式之后，詹姆斯·格雷果里（1638~1675 年）、戈特弗里德·莱布尼茨（1646~1716年）也相继发现了新型的公式。相对于韦达和沃利斯的公式是使用无穷的乘积来表示的，格雷果里和莱布尼茨的公式却是以无穷的和的形式来表示的。由此，收敛至 π 的速度更加缓慢，求至 3.14 竟然需要 300 项的和。

此后，又有艾萨克·牛顿（1642~1727 年）、约翰·马青（1680？~1751 年）、前文提到过的欧拉等学者发现了各种各样 π 的公式。

而探求 π 的位数尝试，一直在由发现 π 的新公式的“防腐剂”继续着。这一点就在下一小节再为大家说明吧。

无穷乘积式

1593年　韦达

$$\frac{2}{\pi}=\sqrt{\frac{1}{2}}\times\sqrt{\frac{1}{2}+\frac{1}{2}\sqrt{\frac{1}{2}}}\times\sqrt{\frac{1}{2}+\frac{1}{2}\sqrt{\frac{1}{2}+\frac{1}{2}\sqrt{\frac{1}{2}}}}\times\cdots$$

1655年　沃利斯

$$\frac{\pi}{2}=\frac{2}{1}\times\frac{2}{3}\times\frac{4}{3}\times\frac{4}{5}\times\frac{6}{5}\times\frac{6}{7}\times\frac{8}{7}\times\cdots$$

无穷和式

1670年　格雷果里和莱布尼茨

$$\frac{\pi}{4}=1-\frac{1}{3}+\frac{1}{5}-\frac{1}{7}+\frac{1}{9}-\frac{1}{11}\cdots$$

欧拉

$$\frac{\pi^2}{12}=\frac{1}{1^2}-\frac{1}{2^2}+\frac{1}{3^2}-\frac{1}{4^2}+\frac{1}{5^2}\cdots$$

使用无穷这种方法，有很多种公式可以推导 π

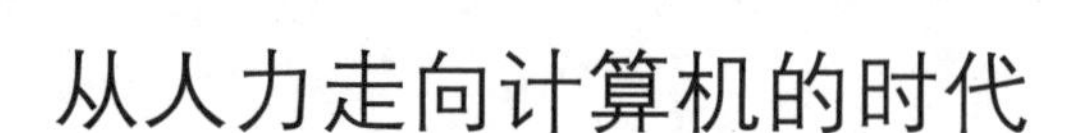

7 从人力走向计算机的时代

人类对于 π 的位数那永无止境的探求，仿佛在探索一条永远没有尽头的通道一般。在 1706 年，前文提到的马青求到了第 100 位数，1824 年威廉·卢瑟福求到了第 152 位数，1847 年托马斯·克劳斯求到了第 249 位数，1853 年卢瑟福再次求到了第 440 位数。

在本章第 5 小节也提到了，于 1610 年去世的鲁道夫在其数学生涯中将 π 求到了第 35 位数，历经两百多年，人们已经求出了 10 倍多的位数。

其后，1873 年威廉·香克斯竟然求到了第 707 位数，这在当时是一个具有突破性的纪录，此后的 70 多年里都未被人打破。然而到了 1946 年，D.F.费格森计算到了第 710 位数，并且发现了香克斯的计算结果从第 528 位数开始出现了错误。次年，费格森又利用计算器求到了第 808 位数。

1948年，史上第一台计算机ENIAC问世，这对于探求 π 的位数的人们来说是一件不得了的事情。因为在 1949 年，通过使用ENIAC，赖脱威逊、诺依曼、蒙特卡洛等人仅用了 70 多个小时就把 π 求到了第 2037 位数。此后就进入了使用计算机竞争的激烈时期，求出的位数也有了飞跃性的进展。

如今的时代，人们通过计算机计算到 π 的第十万多位数仅需要几分钟。通过人力去探求 π 的那个浪漫的时代，虽然有些悲伤，但是已经离我们远去了。

■计算π的位数大赛

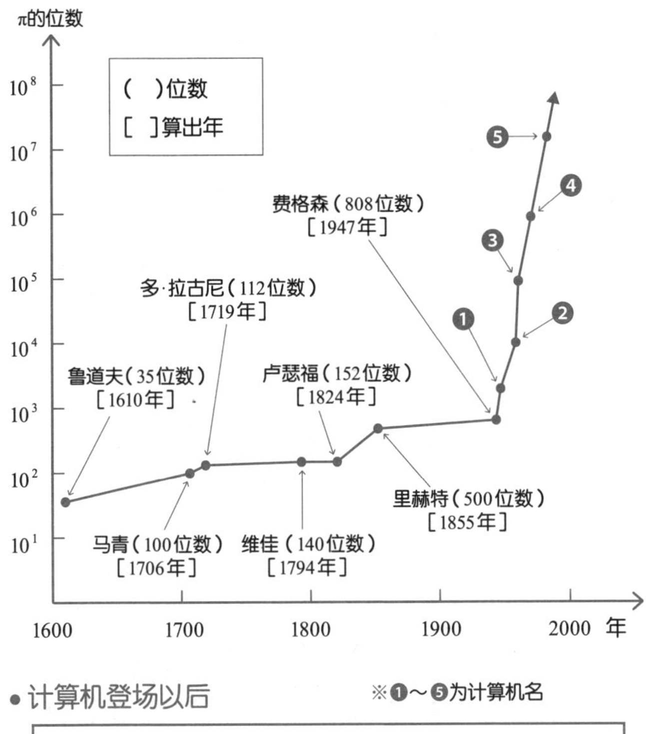

• 计算机登场以后　　　　※❶～❺为计算机名

❶	ENIAC	2037位数	1949年
❷	PEGASUS	7480位数	1957年
❸	IBM 7090	100265位数	1961年
❹	CDC 7600	大约100万位数	1973年
❺	HITAC M-280H	大约1678位数	1983年

由于计算机的登场，π的位数爆发性地增长了

8 π 是无法用分数表示的无理数

在本章第 1 小节，我们说到了 π 的值为 3.141592…如此无限持续下去。小数点以后无限持续的意思和无限不循环小数相同。换句话说，π 是无理数。所以说，从前人们使用分数表示的π，虽说是有理数，但是终究也只是近似值。

然而，π 不仅是存在的，而且由于是实数，所以在数轴上也应该有 π 这一点。毫无疑问，数轴上的 π 就在 3 到 4 之间的某个位置。

不仅仅是 π，在公元前 300 年左右，古希腊人就已经知道了这世上还存在其他的无法用分数形式表现的数。为什么说在遥远的古代就已经知道了呢，那是因为在当时就已经出现了“如何表示边长为 1 的正方形的对角线长度”的问题。参照右图就可得知，边长为 1 的正方形的对角线，根据毕达哥拉斯定理可以得出其长度为根号 2。在第 1 章我们就讲到了 $\sqrt{2}$ 是无理数。

$$\sqrt{2}=1.4142\cdots$$

顺便说一下，通常人们认为圆周率的值为“大约 3.14”，甚至有时候根据目的的不同还会有将其认为“大约为 3”的情况。这是近似值的近似值，我们需要记住的是，实际的 π 值为 3.141592…无限持续下去。仅仅理解为“大约为 3”，和知道“其为‘无理数’”此间的差别，就如同有限和无限的差一般大。

■"π"和"$\sqrt{2}$"都为无理数

正方形的对角线

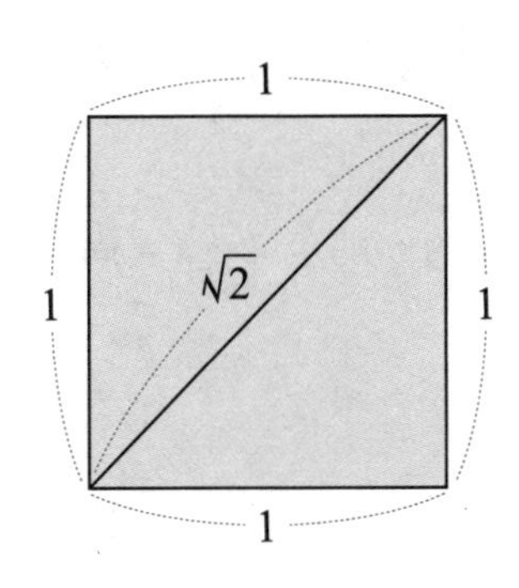

古希腊人

一度为"如何表示一边长为1的正方形对角线的长度"问题困扰

$\sqrt{2} = 1.41421356\cdots$

↓

无法用分数来表示

π的值 （小数点以后100位数为止）

3.1415926535
8979323846
2643383279
5028841971
6939937510
5820974944
5923078164
0628620899
8628034825
3421170679
…

完全没有循环

9 用到π的公式五花八门

那么，π 的值为 3.1415926535…，当然只有这一个，但是用到π的公式却有很多，在这里就为大家介绍几个吧。首先，我们就来看看无论如何都与 π 无法分割的圆吧。假设圆的半径为 r，周长为 L，面积 S。

我们通过在本章第 1小节也登场的 π 的定义（π = 周长 ÷ 直径）里代入上述的值可以得到：

$$\pi = \frac{L}{2r}$$

将其变形可以得到：

$$L = 2\pi r \qquad ①$$

如此，就可以轻松地得到求圆周长的公式。

其次，我们来看求圆面积的公式。圆的面积 S 可以通过以下公式来求。

$$S = \pi r^2 \qquad ②$$

这种方法是将圆切成几个扇形，然后再将其摆放成如右页所示的样子就可以得出来了。扇形分得越细，重新组成的图形就越接近于长方形，所以圆的面积=$\frac{半径 \times 四周}{2}$。将其带入①中就可以推导出②来。

此外，在球的表面积公式（$4\pi r^2$）和体积公式$\left(\frac{4}{3}\pi r^3\right)$，或者是圆锥的表面积和体积公式等中，π 也是不可或缺的。

■来思考圆的面积

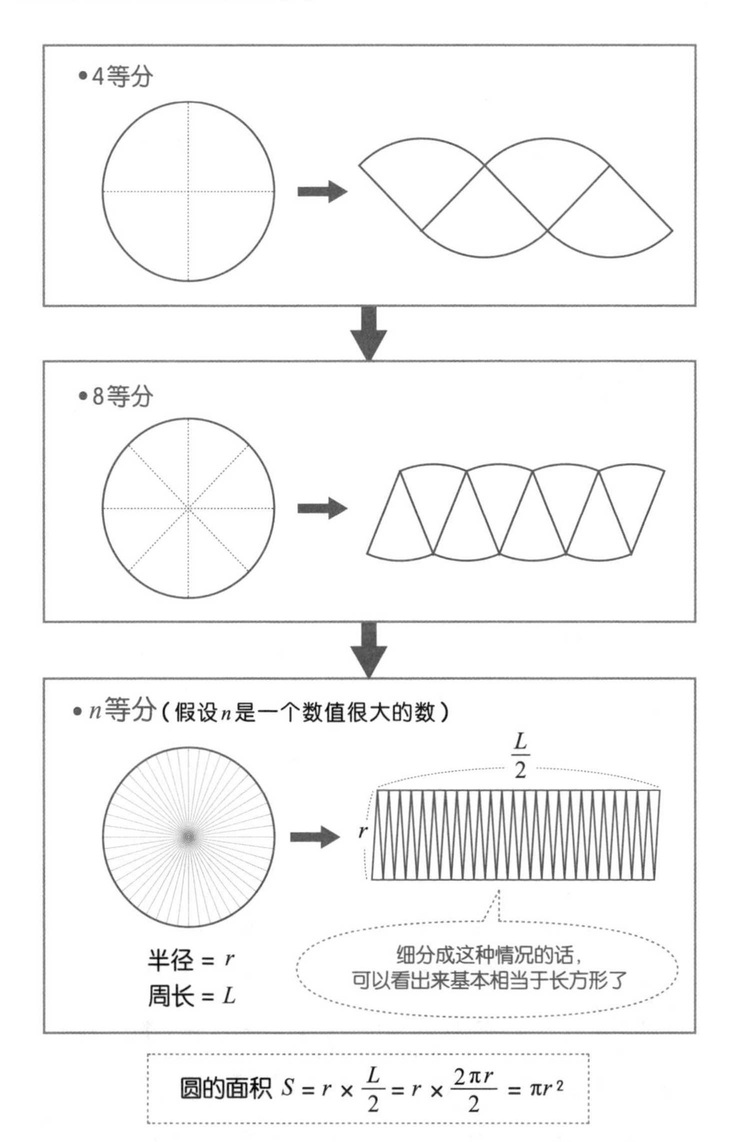

圆的面积 $S = r \times \frac{L}{2} = r \times \frac{2\pi r}{2} = \pi r^2$

10 "化圆为方问题"是什么

在这里为大家介绍一下从 2000 多年以前开始就困扰人们的一个关于π的难题，有许多的学者都曾经被其难倒。

【问题】

请使用直尺和圆规，作出一个和某个圆形相同面积的正方形。

这个问题被称作化圆为方问题。可以作图的条件为，图形当中所有的长度的多项式的解的系数都为整数。像这样多项式的解，人们称之为代数数。代数数的具体例子，我们来看看 $3x-2=0$，它的解为"$x=\frac{2}{3}$"。通常来说，所有的有理数都是代数数。此外，$x^2-2=0$ 的解为 $x=\pm\sqrt{2}$，所以说无理数也可以成为代数数。

反之，非代数数即为超越数。如果π是超越数，那么化圆为方问题就无法被解决。

而 π 是超越数这件事，于 1882 年被德国数学家费迪南德·冯·林德曼（1852~1939年）成功证明。至此，困扰了人们 2000 多年的问题终于被解决了。距其最近的解决的费马的问题也有 350 多年了，可想而知有多久了。除了圆周率 π 以外，自然对数的底数 e 也因其为超越数而闻名。

而 π 是无理数这件事，大约于 100 多年前被西班牙数学家约翰·海因里希·朗伯（1728~1777年）证明。

■2000年间的未解之谜——“化圆为方问题”

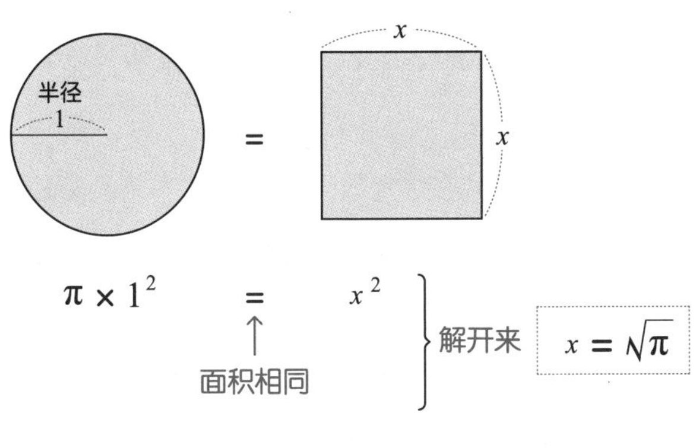

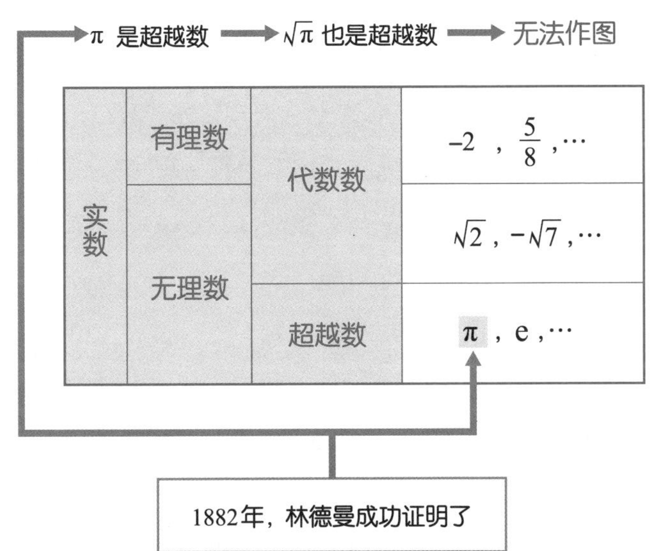

超越数无法简单地用数字表示，所以使用文字来表示。关于e请参照第8章。

Column 7

在线“整数列查询网站（OEIS）”

本书收集有素数、三角形数、平方数、完全数等五花八门的数，但是如果当你遇见没有见过的数列时，有一个简单的方法可以查询其是否是被人研究过的数列，或者是未知的数列。

这就是被称为“**在线整数列查询网站**（On-Line Encyclopedia of Integer Sequences）”（https://oeis.org/）的，数列各项均为整数的在线数据库的使用方法。其中**收集了超过 30 万条数列的信息**（2018 年 3月时），目前是世界第一。并且值得感谢的是，这个网站是不收费的。

比如说，往这个网站中间的输入画面里试着输入素数列“2，3，5，7”，随后一瞬间就会有素数列“2，3，5，7，11，13，17，19，23，29，31，37，41，43，47，53，59，61，67，71，73，79，83，89，97，101，103，107，109，113，127，131，137，139，149，151，157，163，167，173，179，181，191，193，197，199，211，223，227，229，233，239，241，251，257，263，269，271”蹦出来。不仅如此，与之相关的参考文献也都会一起出来。即使仅输入“11，13，17，19”这样一段中间的素数列，同样能够检索出“2，3，5，7，11，13，…”这样的素数列，可谓是“出类拔萃”。

大家也可以试着去输入各种不同的数列，说不定可以得到在本书当中提到的数列的组合。

第8章

将计算化繁为简的“指数”与“对数”

这一章特别要着重讲解作为它们诞生契机的，将大数值的乘除法的烦琐，转化为加减法的便利想法。只要理解了这个，就能明白对数是如何诞生的。

1 “加法”比“乘法”简单

本章将要为大家讲解**指数与对数**。作为一个引导，请大家考虑一个问题。

【问题】

在我们日常生活使用加法和乘法运算当中，哪个计算比较简单呢?

这是一个很模糊的问题，但是很明显，**如果同为 2 位数以内，加法肯定要比乘法简单吧**。

比如说“12 + 13 = 25”这个式子，我们立马就可以心算出来，但是“12 × 13 = 156”却需要用纸笔来计算，或者使用计算器来计算的人会更多吧?

像这种乍一看理所当然的事情，实际上曾经促使了非常具有革新性的计算方法的诞生。作为当今人们普遍认为的**对数**的发明者约翰·纳皮尔（1550~1617年）曾说过以下的话，让我们一起洗耳恭听吧。

“大数值的乘法，除法……在数学当中没有比这些更加烦琐，更加让计算的人们困扰的东西了，所以我开始思考能不能用一种更加迅速简便的方法来解决这个困难。”《奇妙的对数表的描述》（1614 年著）

纳皮尔为了将大数值的**乘法转化为加法，除法转化为减法**，将烦琐的计算转化为简单的计算，引入了对数这个概念。

■对数的发明者纳皮尔

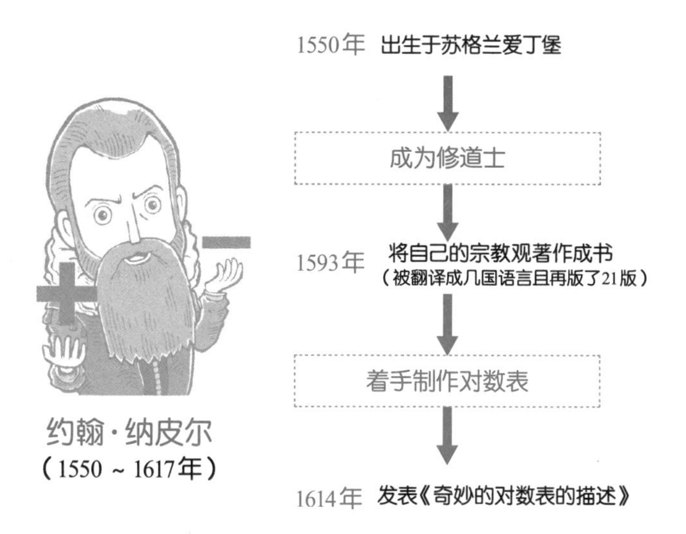

■对数的目的

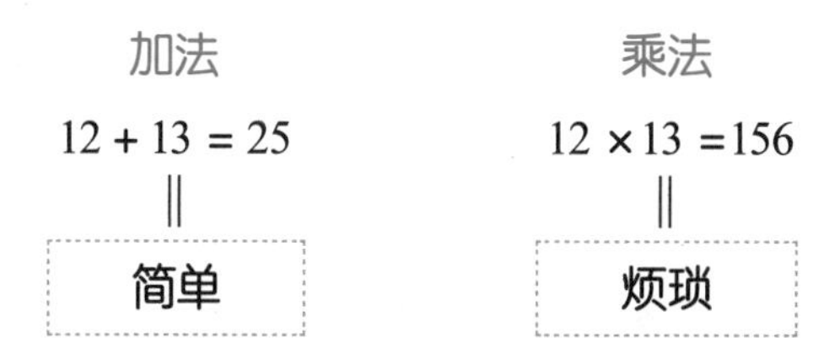

为了将烦琐的乘法运算转变为简单的加法运算而发明出了对数。

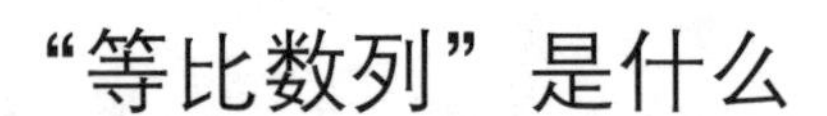

2 “等比数列”是什么

这一小节将要为大家讲解一下“为什么加法运算要比乘法运算简单呢”。通过这个，我们就会**比较容易理解对数这个概念了**。

首先，我们来看下列的一个数列：

1，2，4，8，16，32，…

这个数列之中的数字之间有着某种特定的关系，你们大概已经看出来了吧？不错，就是**将前面的数字乘以2就变成了后面的数字**。

$1 \times 2 = 2$

$2 \times 2 = 4$

$4 \times 2 = 8$

$8 \times 2 = 16$

$16 \times 2 = 32$

……

这个性质可以换一种表示方式，写成这样：

$$\frac{2}{1}=\frac{4}{2}=\frac{8}{4}=\frac{16}{8}=\frac{32}{16}=2$$

也就是说，**所有数字与前一项数字的比均相等的数列**。上述的式子的数字之间的比都等于“2”。

像这样连续 2 个数的比均为定值的数列，我们就称之为**等比数列（几何数列）**，它们之间的比就称为公比。上述例子的公比为“2”。

■等比数列

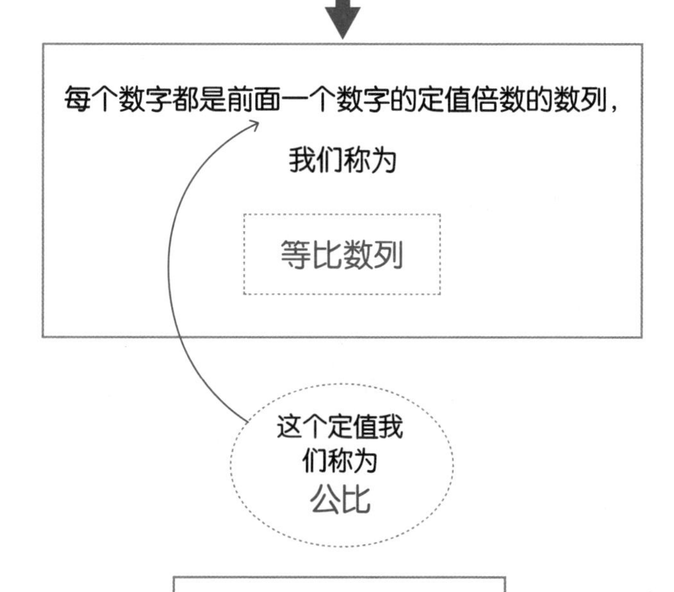

3 “指数的和”是什么

在这里，我们来考虑一下像“1，2，4，8，16，32，…”**公比为2的等比数列之中的数字之间的乘法运算**。

比如说，像8×32这样的乘法运算，答案是$8\times 32=256$。

但是也有不直接计算这个乘法运算，**将其转变为加法运算的方法**。这正是导入对数这个概念的纳皮尔的方法，即使**用指数“2的几次方”这样的形式来表示8和16**。

$8=2^3$，$32=2^5$

此时在“2”右上角的“3”和“5”，我们就称之为“指数”。

$8\times 32=2^3\times 2^5$

根据累乘公式，我们可以得知：

$2^3\times 2^5=2^8$

也就是说，“将2乘以3次的数”×“将2乘以5次的数”等于“将2乘以8次的数”。在这里，如果我们着重看一下2的右上角的指数，可以发现$3+5=8$。

这无非就是做了一个加法运算。像这样**“将乘法运算转变为加法运算”**就是重中之重的要点。

■使用指数可以将乘法运算转变为加法运算

公比为“2”的等比数列

$$
\begin{array}{cccccccccc}
1, & 2, & 4, & 8, & 16, & 32, & 64, & 128, & 256, & \cdots \\
\| & \| & \| & \| & \| & \| & \| & \| & \| & \\
2^0 & 2^1 & 2^2 & 2^3 & 2^4 & 2^5 & 2^6 & 2^7 & 2^8 & \cdots
\end{array}
$$

〈例〉 $8 \times 32 = 2^3 \times 2^5$

$$= \underbrace{(2 \times 2 \times 2)}_{\text{“将2乘以3次的数”}} \times \underbrace{(2 \times 2 \times 2 \times 2 \times 2)}_{\text{“将2乘以5次的数”}}$$

$$= \underbrace{2 \times 2 \times 2 \times 2 \times 2 \times 2 \times 2 \times 2}_{\text{将2乘以8次的数}}$$

$$= 2^8 = 256$$

实际的运算为“指数之间的加法运算”

$$2^3 \times 2^5 = 2^{3+5} = 2^8$$

在此处，乘法运算变成了加法运算

4 “减法”比“除法”简单

在这一小节，我们把前面提到的除法运算也扩展一下吧。我们已经看过了等比数列中的 1 项与另 1 项的乘法运算，那么同样的，我们再来看一看除法运算吧。比如说，我们来考虑一下这个例子：

$8=2^3$，$32=2^5$

由此，可以得到

$32\div 8=2^5\div 2^3$

根据累乘公式，可以得知：

$2^5\div 2^3=2^2$

也就是说，“将 2 乘以 5 次的数”除以“将 2 乘以 3 次的数”等于“ 将 2 乘以 2 次的数” 。在这里，如果我们着重看一下 2 的右上角的指数可以发现：

$5-3=2$

这无非就是做了一个减法运算，也就是**“将除法运算转变为减法运算”**。再比如，像这样：

$8\div 32=2^3\div 2^5$

的计算也可以通过累乘公式得知：

$2^3\div 2^5=2^{-2}$

于是乎可以得到：

$$2^{-2}=\left(\frac{1}{2}\right)^2$$

■使用指数可以将除法运算转变为减法运算

公比为“2”的等比数列

1,	2,	4,	8,	16,	32,	64,	128,	256,	…
‖	‖	‖	‖	‖	‖	‖	‖	‖	
2^0	2^1	2^2	2^3	2^4	2^5	2^6	2^7	2^8	…

〈例〉 $32 \div 8 = 2^5 \div 2^3$

$$= \frac{2 \times 2 \times \cancel{2} \times \cancel{2} \times \cancel{2}}{\cancel{2} \times \cancel{2} \times \cancel{2}}$$

$$= 2 \times 2$$

$$= 2^2$$

$$= 4$$

实际的运算为“指数之间的减法运算”

$$2^5 \div 2^3 = 2^{5-3} = 2^2$$

在此处，除法运算
变成了减法运算

“等比数列”和“等差数列”

到目前为止，我们考虑的都是公比为“2”的数列，接下来我们就来整理一下一般公比为“a”的情况吧。

对于一般的指数 m，n（m，n 均为整数）来说，有下列的式子成立，这就是人们常说的**指数法则**。

$a^m \times a^n = a^{m+n}$

$a^m \div a^n = a^{m-n}$

※注意：“$a^0 = 1$”。

由此我们可以得知，对于在等比数列当中出现的 2 个数字来说有“乘法运算→加法运算”“除法运算→减法运算”这样的关系成立。进一步可以得知，在等比数列当中出现的 2 个数字之间的乘法运算和除法运算**通过观察其指数可以得知，就是数列当中出现的 2 个指数之间的加法运算和减法运算**。

$$\cdots,\ a^{-3},\ a^{-2},\ a^{-1},\ a^{0},\ a^{1},\ a^{2},\ a^{3},\ \cdots \quad ①$$
$$\downarrow$$
$$\cdots,\ -3,\ -2,\ -1,\ 0,\ 1,\ 2,\ 3,\ \cdots \quad ②$$

上述①是等比数列，②数列的特征为连续 2 项之间的差均相等，所以相对于等比数列，人们称为**等差数列**，称其差为**公差**。上述情况公差为“1”。

如此这般，当指数为整数时，乘法运算对应加法运算，除法运算对应减法运算的计算方法，由德国数学家迈克尔·斯蒂弗尔在《综合算术》（1544 年著）中首次提出。

不仅如此，纳皮尔还想道：

至今为止仅考虑过整数指数的运算，还应考虑一下整数以外实数的运算。

■指数法则

$$a^m \times a^n = a^{m+n}$$

$$a^m \div a^n = a^{m-n}$$

根据上述法则可以得知

“乘法运算→加法运算”“除法运算→减法运算”

■等比数列中的等差数列

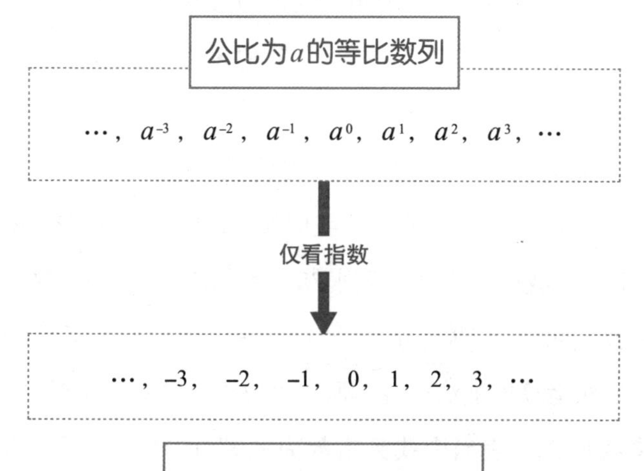

6 纳皮尔的奇想

纳皮尔的想法是这样的：

> “如果所有的正实数都可以以某个数（此后称为底数）的累乘形式来表示的话，那么正实数之间的乘法运算即可转变为加法运算，除法运算即可转变为减法运算，如此一来，运算就会变得相当简单了吧。”

就像到目前为止为大家说明的一样，比如说像：

…，2^{-3}，2^{-2}，2^{-1}，2^{0}，2^{1}，2^{2}，2^{3}，2^{4}，…

※$2^{0}=1$

这样，即使可以应用于有间隔的（数轴上的非连续数值）数当中，却并不适用于所有的正实数。于是乎，纳皮尔就“**如何能够适用于所有的正实数**”开始进行探索。

我们不妨再来考虑一下“2”的累乘吧，也就是**底数为 2 的情况**。

比如说，我们先准备一个如**右页**所示的关于2的累乘表。其中$n=-3$，…，10。在此，我们就假设想要计算“8×64”吧。首先，我们要从表中找到“8”和“64”对应的指数。

我们可以得知其分别是“3”和“6”。在指数的世界，乘法运算即加法运算，所以可以得出“$3+6=9$”。接下来我们再从表当中找到指数为“9”的数字，可以得出我们要求的数字是“512”。

■关于2的累乘表

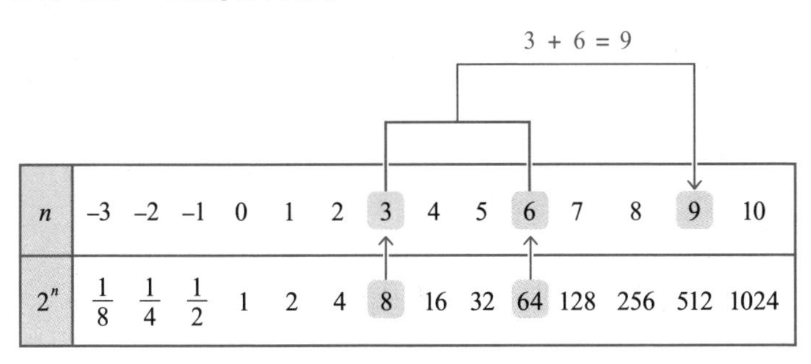

n	−3	−2	−1	0	1	2	3	4	5	6	7	8	9	10
2^n	$\frac{1}{8}$	$\frac{1}{4}$	$\frac{1}{2}$	1	2	4	8	16	32	64	128	256	512	1024

〈例〉

$$8\times 64 = 2^3\times 2^6 \quad \cdots\cdots ❶$$

$$= 2^{3+6} = 2^9 \quad \cdots\cdots ❷$$

$$= 512 \quad \cdots\cdots ❸$$

❶ 从表中可以得出“8”和“64”分别为“2^3”“2^6”

❷ 由指数法则可以将乘法运算变换成加法运算进行计算

❸ 从表中可以得知“2^9”即为“512”

仅仅查了3次表，通过“3+6=9”这样简单的操作就可以得出答案

7 纳皮尔将底数定为"0.9999999"

我们再以另一个角度考虑一下本章第 6 小节的计算吧。

和之前一样，我们先来准备一个如右页所示的关于 2 的累乘表。其中 $n = -3, \cdots, 10$。

这次，我们假设想要计算"$\frac{1}{4} \times 64$"。

步骤同上一小节一样，先从表中找出"$\frac{1}{4}$"和"64"对应的指数，可以得知分别是"–2"和"6"。在指数的世界，乘法运算即是加法运算，所以可以得出"$(-2) + 6 = 4$"。接下来我们再从表当中找到指数为"4"的数字。

可以得出我们要求的数字是"16"。

这样的运算即使是求"$64 \div 4$"也是同样的。在指数的世界，除法运算即是减法运算，所以可以得出"$6-2 = 4$"，理所当然可以得出"16"这个答案。

类似这样的运算虽然很简单，但是底数限定为"2"，所以并没有什么实用性。**为了使其具有实用性，必须使用实数来计算，纳皮尔成功做到了这一点。**

那么纳皮尔到底用了什么数来作为底数呢？他经历了无数次的实验以后最终将底数定为了"0.9999999"，也就是"$1-10^{-7}$"，将在下一小节为大家解说其中的缘由。

■关于2的累乘表

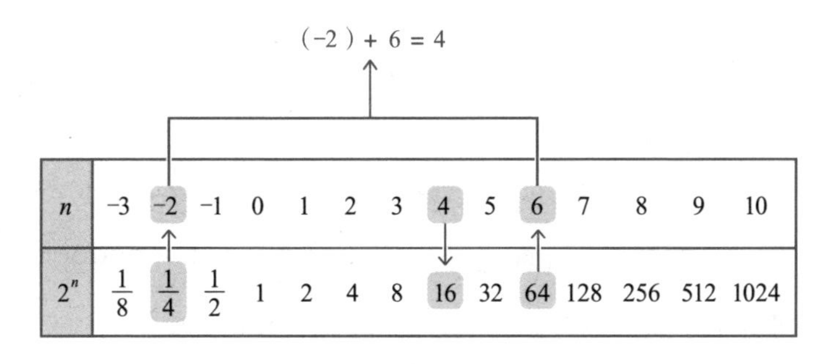

n	−3	−2	−1	0	1	2	3	4	5	6	7	8	9	10
2^n	$\frac{1}{8}$	$\frac{1}{4}$	$\frac{1}{2}$	1	2	4	8	16	32	64	128	256	512	1024

〈例〉

$$\frac{1}{4} \times 64 = 2^{-2} \times 2^{6} = 2^{(-2)+6} = 2^{4} = 16$$

$$64 \div 4 = 2^{6} \div 2^{2} = 2^{6-2} = 2^{4} = 16$$

使用上述2的累乘表，无法进行“3”和“5”的计算，
所以并没有实用性

于是乎，纳皮尔
为了能够使其能够计算更多的数，将底数定为

$$0.9999999^{n} = (1 - 10^{-7})^{n}$$

8 为什么使用“0.9999999”呢

那么，纳皮尔为什么选择了“0.9999999”——也就是“$1-10^{-7}$”这样一个不可思议的数字呢？

令人敬佩的是，纳皮尔花费了 20 年的时间终于完成了与前一小节为大家介绍的“2 的累乘表”相对应的 **0.9999999 的累乘表**。实际上，他制作的表当中最开始的 101 项从：

$$10^7 = 10000000$$

开始，然后是：

$$10^7(1-10^{-7}) = 9999999$$

$$10^7(1-10^{-7})^2 = 9999998$$

最后以

$$10^7(1-10^{-7})^{100} = 9999900$$

结尾。

如果仔细观察其中的细节，比如说第 2 个数，准确地说应该是“$10^7(1-10^{-7}) = 9999999.0000001$”，但是小数点以后都舍弃了。

纳皮尔之所以选用了$0.9999999 = 1-10^{-7}$这个数，其中的缘由从上述的 3 个例子中可窥一二，无限接近于“1”的数在累乘表上可以小幅增减，并且增减量的变化会尽可能小。实际上，由于他选用了 0.9999999，最终成功地表示出了数值非常大的整数。

■$0.9999999=1-10^{-7}$的累乘表

纳皮尔从1594年至1614年花费了20年来制作
$0.9999999=1-10^{-7}$的累乘表，
希望能将10000000以下的所有整数都以
“$10^7\times(1-10^{-7})^n$”的形式表现出来

$0.9999999=1-10^{-7}$的累乘表

$$10^7\times(1-10^{-7})^0=10000000$$
$$10^7\times(1-10^{-7})^1=9999999$$
$$10^7\times(1-10^{-7})^2=9999998$$
$$10^7\times(1-10^{-7})^3=9999997$$
$$\vdots$$

〈例〉 9999999×9999998

$$\approx10^7\times(1-10^{-7})^1\times10^7\times(1-10^{-7})^2$$
$$=10^{14}\times(1-10^{-7})^{(1+2)}$$
$$=10^{14}\times(1-10^{-7})^3$$
$$=10^7\times9999997$$

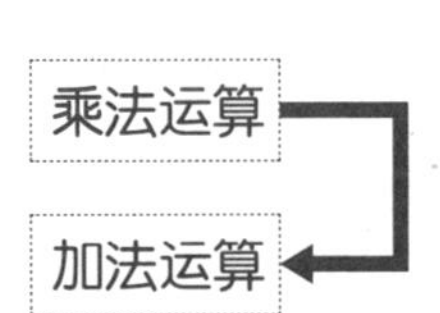

虽然这只是大概的数值，
但是上述的表使得计算变得非常简单

“对数”是什么

历经 20 年的时间，纳皮尔仅用纸和笔就完成了制作数表的伟大工作。此后，他又将各累乘的指数称为**对数**（logarithm）。这个对数就是表示比的数（比=logo，数=arithmos）的词语。也就是说当：

$$N=10^7(1-10^{-7})^L$$

时，指数L即为N的（纳皮尔的定义）对数。这个定义与现在人们常用的定义有些许的差异。现在人们常用的定义是，令 a 为 1 以外的正数，那么当：

$$N=a^L$$

时，“**指数L即为N的（a为底数）对数**”。此时，我们就用下列的符号来表示对数 L：

$$L=\log_a N$$

“$\log_a N$”读作“**落葛欸恩**”。之所以要剔除“a=1”的情况是因为当 a=1 时，N也只能为“1”。此外，$N=a^L$ 和 $L=\log_a$ 相互为反函数关系。现在人们使用的方法是在 1728 年由欧拉首先导入的，但是在那大约 1 世纪之前，纳皮尔就已经对于对数做了一个本质性的思考。

现今的我们**使用得最频繁的底数有 2 个**。第 1 个是“10”，我们称之为**常用对数的底数**。另一个是“e”，我们称为**自然对数的底数**。

■纳皮尔的对数与如今的对数

纳皮尔的对数

$$N = 10^{7}(1 - 10^{-7})^{L}$$

中的“L”为对数

- 于乘法运算的概算有效
- 由于使用的是近似值，所以不适用于解析

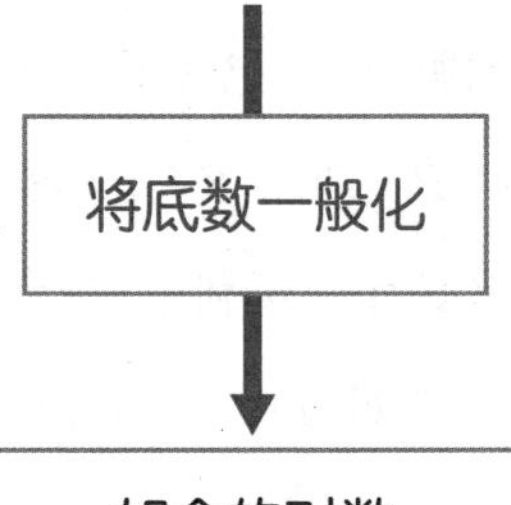

如今的对数

$$N = a^{L}\ (a > 0,\ a \neq 1)$$

L为N的（a为底数）对数

$$L = \log_{a} N$$

如今的对数经常作为底数使用的
是“10”和即将登场的“e”

"e"是什么数①

虽说自然对数的底数 e 的数值为 2.71828 这样一个复杂的数，但是在数学当中，对其的使用压倒性地要比常用对数多。为了解说其中缘由，首先通过为大家解说身边的利率的问题来说明"e 是什么数"吧。

利率大致可以分为**单利**和**复利**。首先，如果将本金 P 日元以年利率 r（5%的情况即认为 $r=0.05$）预存t年的情况，使用**单利法**的本利总金额 S 里，包含了"$P\times r\times t$"的利息。

$$S=P+Prt=P(1+rt)$$

另外，将本金 P 日元以年利率 r预存 t 年的情况，使用**复利法**的本利总金额 S，则如同下列式子表示的这样。**与 c 有关系的是复利**。

$$S=P(1+r)^t$$

以数字来打比方，如果往年利率为 5% 的复利存折里存 10 万日元，那么1年以后的存款则与单利法相同：

$S=100000(1+0.05)^1$

也就是105000日元。下一年的本金即变为 105000 日元，所以2年以后的存款为：

$S=10000(1+0.05)^1(1+0.05)$

$\quad=100000(1+0.05)^2$

也就是 110250 日元。单利法则为 110000 日元，复利法计算要比单利法多250日元。再以同样的计算方法可以算出3年后，复利法的计算要多762.5日元，**复利法盈利越来越多**。

在下一小节，我们更具体地来研究一下这之间的关系吧。

■单利法和复利法

本金P日元以年利率r存t年之后，
对本利总金额S分别以单利和复利的方法计算

时间	单利法	复利法
1年后	$S=P+Pr$ $=P(1+r)$	$S=P+Pr$ $=P(1+r)$
2年后	$S=P(1+r)+Pr$ $=P(1+2r)$	$S=P(1+r)(1+r)$ $=P(1+r)^2$
3年后	$S=P(1+2r)+Pr$ $=P(1+3r)$	$S=P(1+r)^2(1+r)$ $=P(1+r)^3$
↓	↓	↓
t年后	$S=P(1+rt)$	$S=P(1+r)^t$

11 “e”是什么数②

如同在上一小节为大家介绍的一样，将本金 P 日元以年利率 r 存 t 年之后，分别以单利和复利的方法求出的本利总金额 S 如下：

$S=P(1+rt)$ …… 单利法

$S=P(1+r)^t$ …… 复利法

具体令 $r=0.05$ 时，单利法的本利总金额每年增加 5000 日元，可以得到下列的**等差数列**：

100000 日元，105000 日元，110000 日元，115000 日元……

另外，单利法的本利总金额为公比是 1.05 的**等比数列**，其具体的增加金额如下：

100000 日元，105000 日元，110250 日元，115762.5 日元……

由于和指数、对数关系很深的是等比数列，我们就来仔细研究一下复利吧。我们再来考虑一下不是 1 年 1 次，而是“1 年可获得数次利息的银行”。我们设想年利率为 5%，半年获得一次复利的情况，此时我们取年利率的一半 2.5% 作为每半年的利率，于是我们可以得出 1 年后的本利总金额为：

$100000\times(1.025)^2=105062.5$日元

这比1年复利的情况要多盈利 62.5 日元。再进一步计算每 $\frac{1}{4}$（3个月）年，年利率的 $\frac{1}{4}$ 即 1.25% 的复利的情况，可以得出 1 年后本利总金额为：

$$100000 \times (1.0125)^4 \approx 105094.53\text{日元}$$

由此看出，这比1年复利的情况要多盈利95日元。那么，如果一直重复这般操作，是不是就可以一直盈利呢？

■数列与其对应

单利法

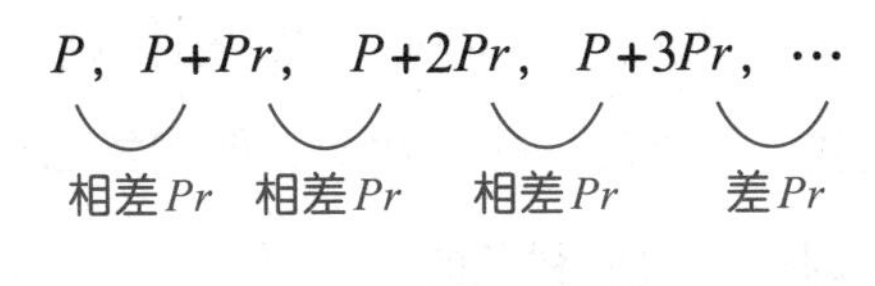

即公差为Pr的 等差数列

复利法

$$P，P(1+r)，P(1+r)^2，P(1+r)^3，\cdots$$

(1+r)倍 (1+r)倍 (1+r)倍 (1+r)倍

即公比为$(1+r)$的 等比数列

指数与对数同等比数列的关系密切，
所以是在考虑复利法时不可欠缺的方法

“e”是什么数③

这一小节让我们来推导本章第 11 小节一般化的计算吧。

假设1年不是1次，而是利率为 $\frac{r}{n}$ 的，n 次复利计算，那么当本金为 P 时，推导t年后的本利总金额公式则为：

$$P\times\left\{1+\left(\frac{r}{n}\right)\right\}^{nt}$$

1 年后，即 t=1 的时候，本利总金额的计算结果如右页所示。根据此表的结果来看：**当 n 越大，所得的本利总金额的差额就越小**。即使将收取利息的间隔时间从“1 年”→“半年”→“3 个月” →“1 个月”→“1 周”→“1 天”如此缩短，**所得到的本利总金额却并未增加多少**。

为了更便于理解，我们来考虑一下当 P，r，t 全为“1”的情况吧，即

$$\left\{1+\left(\frac{1}{n}\right)\right\}^{n}$$

此时，将 n 无限放大后的结果如右页所示，n 越大，最终的结果越趋近于“2.71828…”所以说，**收取的金额并不会一直增加到无穷大。而是当n越大，越趋近于“2.71828…”**人们已经证明了这个理论，本书就略过不提了。

最终，这个**极限值就是被人们称为自然对数的底数“e”**。

■只要增加收取利息的次数即可一直盈利吗

• 当本金P=100000日元，利率r=0.05时

收取利息的间隔时间	n（回）	$\frac{r}{n}$	S（円）
1年	1	0.05	105,000
半年	2	0.025	105,063
3个月	4	0.0125	105,095
1个月	12	0.0041667	105,116
1周	52	0.0009615	105,125
1天	365	0.0001370	105,127

• 当本金P=1，利率r=1，年t=1时

n	$\left(1+\frac{1}{n}\right)^n$
1	2
2	2.25
3	2.37037
4	2.44141
5	2.48832
10	2.59374
100	2.70481
1000	2.71692
10000	2.71815
100000	2.71827
1000000	2.71828
↓	↓
∞	e

次数n即使再大，得到的数也一直趋近于某个数值e

与微分和积分密切相关的“e”

在本章第 12 小节中登场的自然对数的底数 e = 2.71828…这个数，在将指数函数与对数函数进行微分和积分操作时经常会出现。通过微分和积分等操作，可以进行各种各样的解析。

在经常运用解析学的数学世界里，比起之前的常用对数来说，自然对数简直就是珍宝一般的存在。在本章第 12 小节提到的“当 n 无限大时，就可以对某一项进行更细致具体地分析”这个想法，其实就是**微分的分析方法**，所以 2.71828…这个数与指数与对数的微分与积分密不可分。

值得一提的时，欧拉在 1737 年证明出了 2.71828…这个数是**无理数**。由于是无穷无尽的，所以无法用小数来将其完整地表示出来，如果非要表示的话，一定要从某一位开始将其舍弃。

而且，也是无法像 $\sqrt{2}$（1.41421356…）一样，是以整数为系数的多项式的解的**超越数**，所以也无法用有限个类似一样单纯的符号来表示。

$\sqrt{2}$ 是 $x^2-2=0$ 的解，所以这种无理数如同在第 7 章解说的一样，被称作**代数数**。顺便说一下，在第 7 章出现的 π **也是超越数**。

虽说如此，每次都写 2.71828…有些太麻烦了，所以人们用 e 来表示。

这个 e 据说是欧拉曾在寄给哥德巴赫（请参照第 3 章第

11 小节）的信（1731年）里使用过的，所以取欧拉（Euler）名字的首字母而来。

■在微分和积分当中的珍宝e

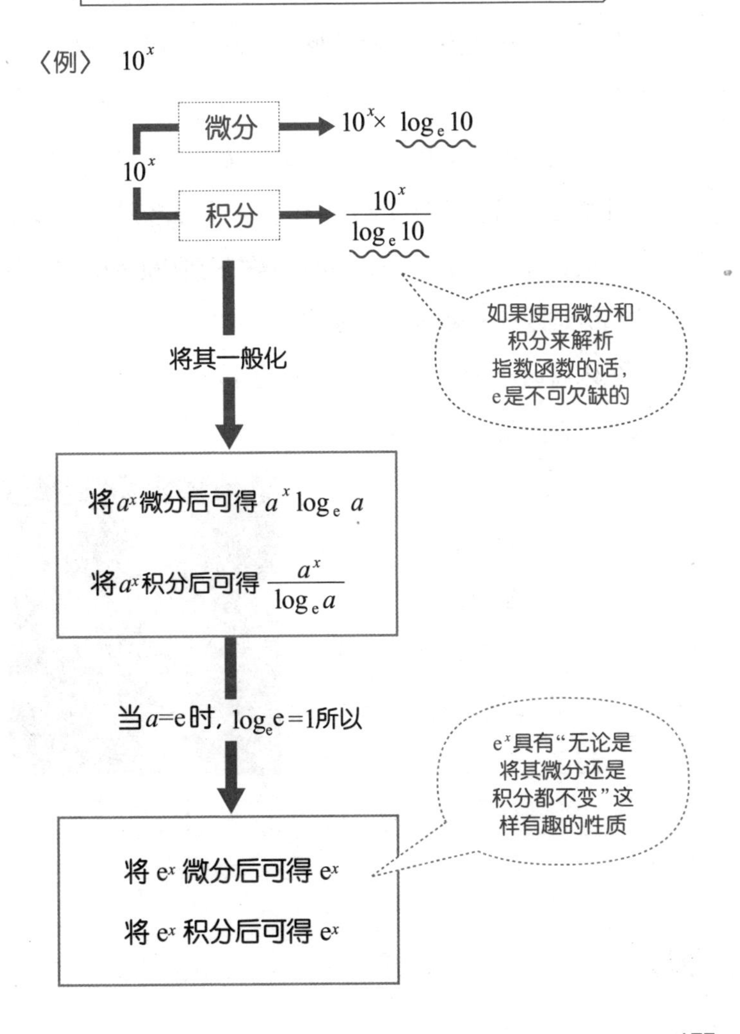

Column

8

夏尔·埃尔米特的悔恨

成功证明出自然数对数的底数 e 为超越数的，是于 19 世纪末在各个领域都有很高成就的法国数学家夏尔·埃尔米特（1822~1901 年）。当时是 1873 年，人们都认为他趁着这个势头，接着证明出“π 是超越数”也只是时间的问题。

但是他自己却认为“比起证明 e 来说，证明 π 的难度要大很多”。

然而，就在埃尔米特成功证明 e 的仅仅 9 年以后，德国数学家林德曼（请参照第 7 章第 10 小节）就按照埃尔米特的方法，成功证明出了 π 是超越数，**解决了困扰人们 2000 多年的超级难题——化圆为方的问题**。

埃尔米特时年 60 岁，而林德曼的年龄仅为他的一半。埃尔米特简直连肠子都要悔青了。

1873年　埃尔米特成功证明出了“e 是超越数”

1882年　关于“π 是超越数”的证明却被林德曼给反超了

埃尔米特

参考文献

[1] 高木貞治.初等整数論講義（第2版）.共立出版，1971.

[2] 高木貞治.代数学講義（改訂新版）.共立出版，1965.

[3] 野崎昭弘.πの話.岩波書店，1974.

[4] M.ラインズ.数—その意外な表情.岩波書店，1988.

[5] E.マオール.不思請な数eの物語.岩波書店，1999.

[6] デビッド·ブラットナー.π［パイ］の神秘.アーティストハウス，1999.

[7] 吉田洋一.零の発見.岩波新書，1956.

[8] 小倉金之助.日本の数学.岩波新書，1940.

[9] 志賀浩二.無限のなかの数学.岩波新書，1995.

[10] 上野健爾.円周率πをめぐって.日本評論社，1999.

[11] 上野健爾.複素数の世界.日本評論社，1999.

[12] 佐藤肇·一楽重雄.幾何の魔術~魔方陣から現代数学へ~.日本評論社，1999.

[13] 堀場芳数.円周率πの不思議.講談社，1989.

[14] 堀場芳数.虚数iの不思議.講談社，1990.

[15] 堀場芳数.対数eの不思議.講談社，1991.

[16] 堀場芳数.ゼロの不思議.講談社，1992.

[17] 堀場芳数.素数の不思議.講談社，1994.

[18] 矢野健太郎.数学の発想.講談社，1971.

[19] 数学セミナー増刊.100人の数学者.日本評論社，1989.

[20] 小林昭七.円の数学.裳華房，1999.

[21] 金田康正.πのはなし.東京図書，1991.

[22] 国元東九郎.算術の話.文藝春秋社，1928.

[23] ポール·ホフマン.放浪の天才数学者エルデシュ.草思社，2000.

[24] H.D.エビングハウス他.数＜上＞.シュプリンガー?フェアラーク東京，1991.

[25] ベングト·ウリーン.シュタイナー学校の数学読本.三省堂，1995.

[26] エンツェンスベルガ.数の悪魔.晶文社，1998.

[27] アイヴァース·ピーターソン.カオスと偶然の数学.白揚社，2000.

[28] J.H.Conway and R.K.Guy.The Book of Numbers.Springer-Verlag， 1995.

■幻方

（127页问题的答案）

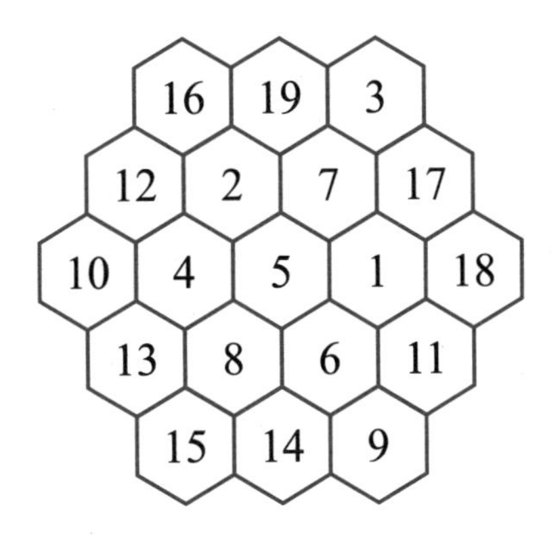

索 引

后　记

当我在夜里抬起头眺望星空时，时常会想道："我们人类，在宇宙当中是不是一种特别的存在呢？"

本书为大家讲解了许多如同夜空里一闪即逝的星星一般的各种各样的数，具体来说有 0（零）、素数、完全数、亲和数、交际数、形数、圆周率、对数等。

其实从 20 世纪开始，人们就已经开始利用射电望远镜开始了以"发现地球以外的智慧生命体的宇宙文明"为目的的世界规模的项目：关于地球以外智慧生命体的探索。

每当我接触到与数相关的事情时，脑子里关于地球以外文明的念头总是挥之不去，总是会想为什么人类会对素数如此感兴趣而发现了五花八门的性质和构造呢？这简直就是一件不可思议的事情。我内心的疑惑不仅如此。

"假设地球以外还存在着智慧生命体，那么他们会不会也对素数进行过深入的研究呢""他们会不会已经解开了这些还在困扰着我们的素数的未解之谜呢，比如已经成功证明出了双胞胎素数有无限多个存在之类的"——每念及此，津津有味，无穷无尽。

仰望夜空，侧耳倾听，也许你就能够接收到关于数字的秘密信息呢？

如果真的有这种精彩的事情发生，一定要悄悄地告诉我。

2018年8月8日　今野纪雄